JN181806

今日から
モノ知り
シリーズ

トコトンやさしい

水道管の本

高堂彰二

上下水道システムの配管である水道管。家庭でよく目にするものと違い、地中深く埋設されるような用途では、口径数メートルのものまであります。本書はこの水道管について、その歴史や種類、調査・更生・修繕、設計、工法、トラブル対策にいたるまで、やさしくまとめました。

B&Tブックス
日刊工業新聞社

はじめに

この本のタイトルは、「トコトンやさしい水道管の本」となっていますが、上水道と下水道の両方の配管について記載しています。
水道は、飲み水や生活用水とするために、地下水や河川水を浄水処理しますが、処理された水は配水池に集められ、自然流下やポンプにより配管を通って各家庭に輸送されます。また、各家庭で使った生活雑排水は、排水管に集められ、下水管を通って下水処理場へと輸送されます。また、降った雨は、下水管を通って河川や海へと排水されます。
このように水道システムや下水道システムの輸送を一手に担っているのが水道管で、普段私たちはあまり目にすることはありませんが、まさに上下水道を陰で支える縁の下の力持ちといえます。
水道管の大きさは、直径13㎜の給水管もあれば、最も大きなものとして、シールド工法で築造される雨水管などは直径8mを超えるものもあります。さらに、埋設される深さも土被り1m程度のものもあれば、配管口径が大きくなると、土被りが30mを超えるものもあります。
明石海峡大橋は世界最長（中央支間長1991m）を誇っていますが、その明石海峡大橋の上に口径450㎜の送水管が2条添架されています。明石海峡大橋は、最もたわむとき、鉛直方向に8m、暴風時には水平方向に32mたわみます。そのたわみに添架管が追従できるように設計されています。

この本は、色々な水道管の歴史や種類、水道管の調査・更生・修繕、水道管の設計を行う上での基礎知識、特殊な水道管の工法、水道管のトラブルについてまとめてみました。

水道管について、だれでも簡単にわかるようにトコトンやさしく解説していますので、どうぞお気楽にお読みください。また、姉妹本として「トコトンやさしい水道の本」、「トコトンやさしい下水道の本」も合わせてお読みいただくと、上下水道全体が理解できると思います。

なお、本書の執筆にあたり、なにかとご配慮をいただいた日刊工業新聞社出版局書籍編集部の鈴木徹氏をはじめ関係各位に心から感謝いたします。

平成29年3月

トコトンやさしい

水道管の本

目次

目次

CONTENTS

第1章 水道管の歴史

第2章 いろいろな水道管

第3章 水道管調査

第4章 水道管の設計

第5章 特殊な水道管の工法

第6章 水道管トラブル

第1章

水道管の歴史

1 水道管のはじまり

古代ローマのアッピア水道で使われた水道管

人は生きていくために水が必要です。そのため、人間は川や湖など安定した水の近くに住んで生活を営んでいました。

そして、多くの人が集まり都市がつくられると、生活や産業のため大量の水が必要になってきました。そこで、都市の近くの川や湖から、水を引くようになったのが、水道の始まりです。さらに、雨水や地下排水、生活排水のための下水をつくりました。

紀元前28世紀ごろからエジプト王朝で給水用として銅管が使用されていました。また、紀元前18世紀ごろの古代バビロニア王朝で、王の墓の地下排水に土を焼いた土管が使用され、古代中国では山中の泉の水を竹の管を使って村里に送っていました。

このように、人類は人の手を介さず連続的に送水する方法として、水道管を利用して生活を豊かにしてきました。

本格的な水道は、紀元前312年の古代ローマでつくられたアッピア水道です。その後、西暦305年までに11水路、全長350㎞に及ぶ水道を完成させています。当時の配管には木管や鉛管、石管が多く使われており、銅は水栓や弁などに使われていました。

ローマ水道は、敵の攻撃と汚染から守るため、大部分が地下に建設され、どうしても地下に埋設できない場合は、水路橋を建設しました。また、水道の勾配は1／3000で正確に築造され、水道橋はアーチ形で石を積み上げており、崩れにくく造られています。

ローマ水道は、11水路から1日当たり113万㎥の水を供給していたと考えられています。また、正確な測量技術、水路橋、逆サイホン、流量の変動に対応した貯水池や貯水槽、減勢装置、沈殿槽などの施設が設置されており、ローマ時代の技術者は、高度な専門知識と技術を有していました。

ローマ水道は、ローマ帝国の滅亡で、敵により破壊され、やがて荒廃してしまいました。

要点BOX

- ●古代ローマのアッピア水道は本格的だった
- ●当時の配管には木管や鉛管、石管が使われていた

ローマ水道のしくみ

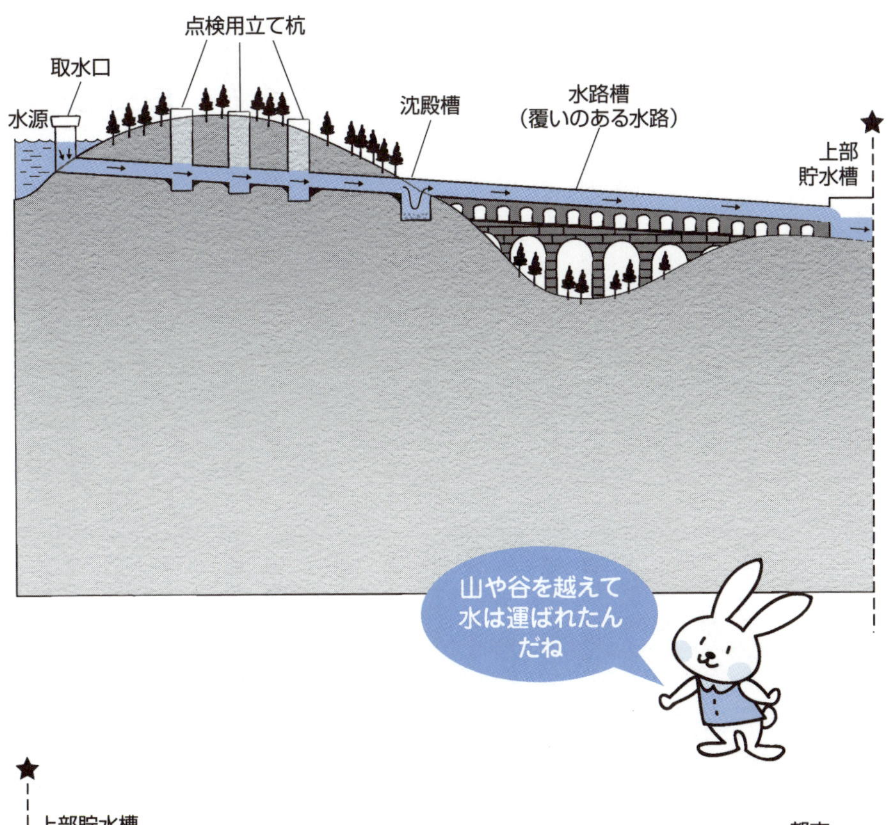
点検用立て杭
取水口
水源
沈殿槽
水路槽
（覆いのある水路）
上部
貯水槽
山や谷を越えて
水は運ばれたん
だね

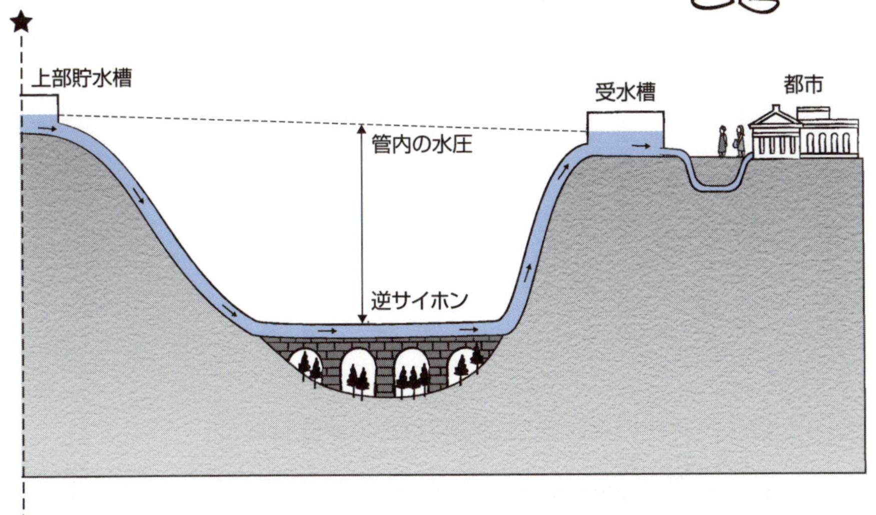
上部貯水槽
受水槽
都市
管内の水圧
逆サイホン

2 今も使われている最古の水道管

江戸時代の轟泉水道で使われた瓦質管

ユダ（エルサレム）のヒゼキア王のトンネルは、紀元前701年にアッシリアの攻撃に備えるために掘られた、現存する世界最古の水道トンネルです。

ヒゼキア王は、エルサレムの水源であったギホンの泉の水を、ウォレンの竪穴から城内にシロアムの池まで引くトンネルを完成させました。トンネルの長さは512・5m、落差は2・18m、勾配は0.4％でした。

この工事は両側から掘り始めており、自然にできたわずかな裂け目に流れ込んでいく水の流れをたどりながら、最後は声をかけながら調整して掘ったとの記録が、シロアムの碑文に書かれています。

日本では室町時代後期に、戦国大名の北条氏康が建設した小田原早川上水が最古の水道施設として記録されています。小田原攻めの後、その仕組みを検分した徳川家康は、それを参考にして水事情の悪い江戸での水道事業に着手しました。

現存する日本最古の水道として、熊本県宇土市の轟泉水道（ごうせんすいどう）があります。

轟泉水道は、初代宇土藩主細川行孝（ゆきたか）により、轟水源から宇土城下町までの総延長4800m、標高差10mを1664年に完成させました。

轟泉水道で当初使われた水道管には、瓦質管（がしつかん）と呼ばれる陶管が使われました。瓦質管の接合部は漏水防止のためシュロの皮が幾重にも巻かれ、漆喰が接合材として使われました。

轟泉水道が布設されてから100年が経過すると、瓦質管が破損し、水漏れや水道の汚濁等が問題となりました。そこで、水道管は、強度面や維持管理を考慮して、全て網津産の「馬門石」へ取り換えられました。石管の造りは、石管同士の接合を男石と呼ばれる凸型のものと、女石と呼ばれる凹型のものの組み合わせとしています。

日本の下水で現在も使われているものとして、太閤下水があります。

- ●江戸時代の轟泉水道で使われたのは瓦質管と呼ばれる陶管
- ●太閤下水は今でも使われている

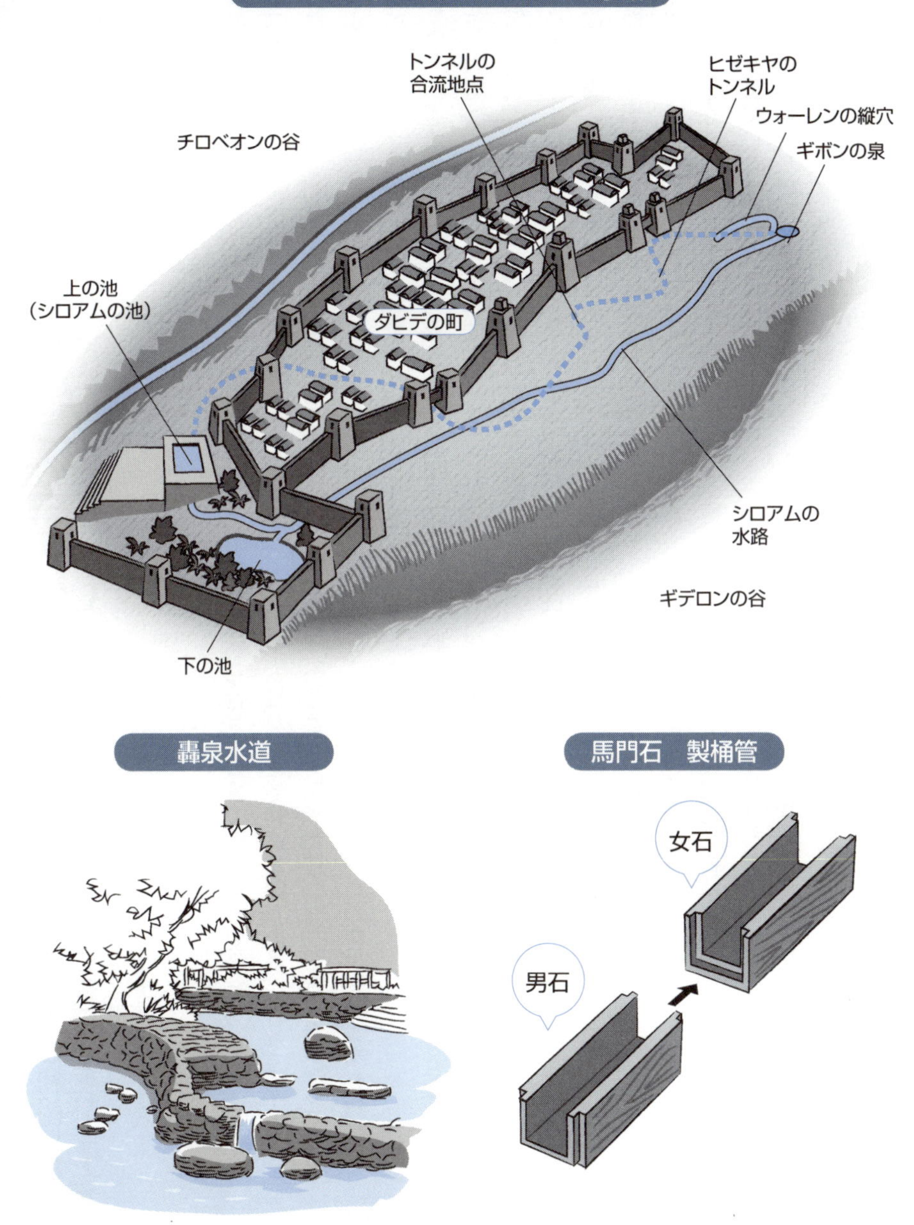

用語解説

シュロ：ヤシ科植物
太閤下水：豊臣秀吉により大阪城築城の際にそのその原型がつくられました「トコトンやさしい下水道の本」参照

3 ヒューム管の歴史

遠心力を利用した鉄筋コンクリート管

ヒューム管の正式名称は、「遠心力鉄筋コンクリート管」といいます。単位セメント使用量が多い富配合コンクリートを30～40Gの遠心力を利用した高速回転で締固めて製造したものです。鉄とコンクリートを一体のものとして強度を高め、薄肉かつ高強度で品質がよく、生産効率に優れたコンクリート製品です。

ヒューム管は、オーストラリア南岸セント・ビンセント湾の港町アドレイドに住み、鉄飾り細工を生業としていたヒューム兄弟によって、1910年（明治43年）に製造方法が発明されました。

農業国のオーストラリアでは灌漑が盛んに行われ、悪水が多く、鉄管内に汚物が溜まり、水の流れが悪くなることから、コンクリート管の利用にヒントを得たと伝えられています。

世界展開を図るため、南アフリカ、イギリスに進出してヒューム社を設立しました。以後、アメリカ、カナダ、インド、シンガポールなど、世界各地に特許を出願してヒューム管の普及を行いました。

ヒューム社が日本で特許を得たのは、1921年（大正10年）のことで、製品名はこの発明者の名前から「ヒューム管」とされ、日本ではこれが一般名となり現在に至っています。

当時の日本は、鉄筋コンクリート管が1908年（明治41年）名古屋市で、下水道用として製造され始めていました。この鉄筋コンクリート管は、型枠の中に鉄筋を入れ、コンクリートを打ち込んだもので、通称「手詰め管」と呼ばれる強度の低いものでした。

その後日本での普及は、特許が存在したため、多くの企業がその技術を自由に利用することができず、振動を利用した「遠心力を利用しないコンクリート管」が製造されることになりました。このように遠心力を利用するヒューム管と、遠心力を利用しない鉄筋コンクリート管が混在して供給されるようになり、これは昭和40年代まで続きました。

要点BOX
●オーストラリアで灌漑用に発明された
●遠心力を利用して成形されたコンクリート管

ヒューム管の歴史と製造方法

ヒューム管の歩み	明治43年	大正10年	大正14年	昭和25年	昭和40年	昭和45年	昭和54年	昭和58年	平成7年	平成12年
	ヒューム管発明	日本で特許取得	日本で本格的に生産開始	JIS制定	B形管を規格化	推進管を規格化(D形)	小口径推進管を規格化	埋込みカラー推進管を規格化	NS推進管を規格化	長距離曲線推進、貯留管の増加

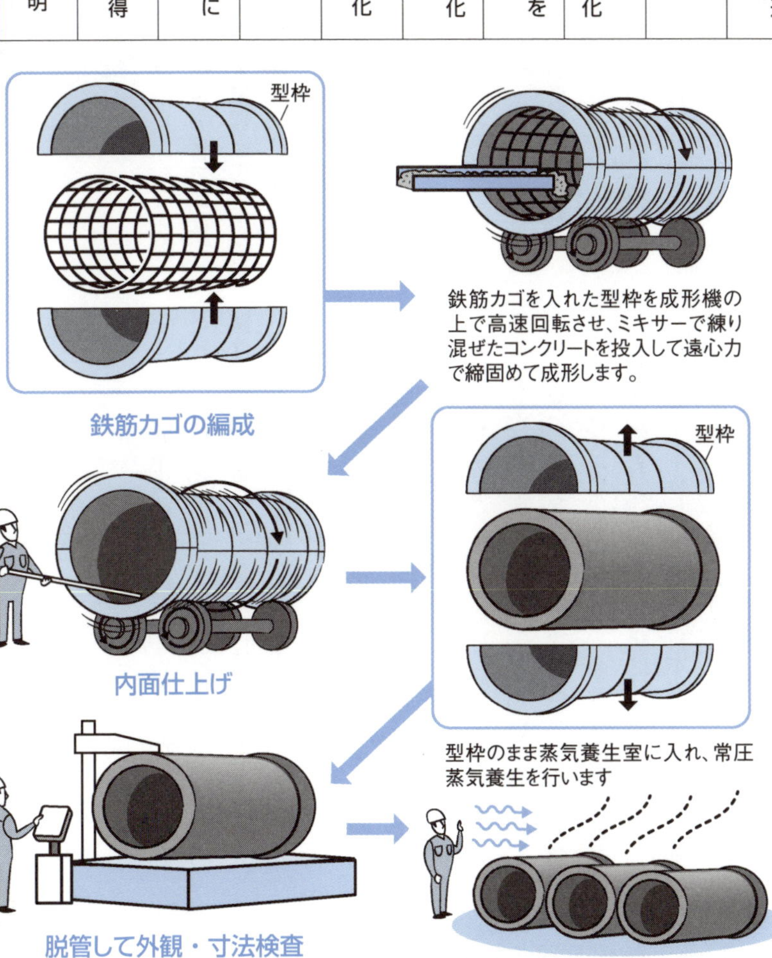

用語解説

灌漑：農地に人為的に水を注ぐこと

4 塩ビ管の歴史

戦後復旧に活躍した水道用硬質塩化ビニル管

塩ビ管は、昭和11年（1936年）にドイツで生産されるようになりました。第二次世界大戦では軍需用に金属が多く利用されたため、金属管の不足から、塩ビ管が使用されました。昭和16年に既に塩ビ管のドイツ規格（DIN）が制定されていました。その後、ドイツで戦中から戦後にかけて大きく発展し、戦後ドイツを調査したアメリカの調査団を驚かせたと伝えられています。

日本で最初に塩ビ管の試作に成功したのは、昭和26年（1951年）9月のことでした。

工業的な製品開発を目指していた日本の企業は、硬質塩ビ管の開発に着手して、イギリスのウインザー社からRC-65と名付けられた2軸の押出機を輸入して研究をしていました。しかし、硬質塩ビ管の形成は溶融温度と分解温度の差が小さく、また溶融時の粘度も高いなど成型加工が難しく、試作は難航していました。そんな中、ウインザー社の技師長E・G・フィッシャーが市場調査と技術サービスのため来日したときにいろいろと指導を受け、国産第一号の塩ビ管の試作に成功しました。この塩ビ管は、「ダイヤモンドパイプ」の名称で一躍脚光を浴びることとなりました。

塩ビ管の色について、塩ビ管はさまざまな着色ができることから、最初は白が多かったようです。しかし、汚れが目立つということで、現在のグレーの色に統一されたようです。

最初のころの塩ビ管の用途は、耐薬品性の特徴から主として化学工場の薬液の配管に用いられていましたが、もっとも力を入れた用途分野の一つが上水道用でした。戦後の水道の復旧は、重要な課題であり、この新しい配管材料の採用が積極的に検討されました。

昭和30年（1955年）には日本水道協会規格「水道用硬質塩化ビニル管、同継手」を制定し、昭和31年（1956年）には硬質塩ビの水道管と継手のJISも制定され、全国で採用されるようになりました。

要点BOX

- ●戦時中にドイツで使われるようになったのがはじまり
- ●日本でも戦後の水道の復旧で活躍

押出成形

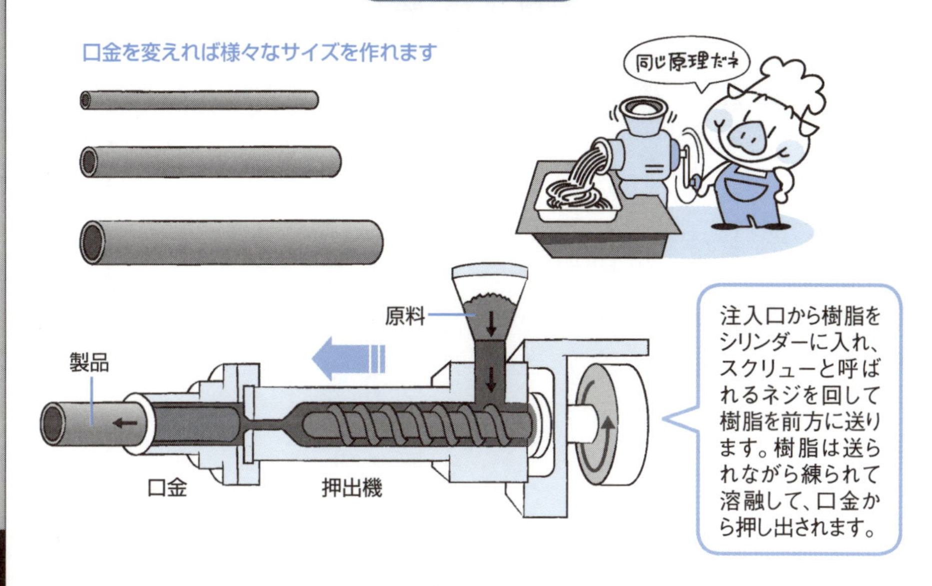

上下水道分野での塩ビ管の歴史

昭和11年(1936)	世界ではじめての塩ビ管がドイツで生産
昭和26年(1951)	日本の塩ビ管第1号誕生
昭和29年(1954)	「硬質塩化ビニル管」JIS K6741が制定
昭和30年(1955)	塩ビ管・継手の日本水道協会規格制定
昭和31年(1956)	塩ビ管・継手の日本工業規格(JIS K6742・6743)制定
昭和47年(1972)	耐衝撃性(HI)塩ビ管・継手　日本水道協会規格制定
昭和49年(1974)	日本下水道協会規格JSWASK-1「下水道用硬質塩化ビニル管」が制定
昭和56年(1981)	RR管の日本水道協会規格(JWWAK129・130)制定
平成7年(1995)	日本下水道協会規格JSWAS K-6「下水道推進工法用硬質塩化ビニル管」が制定
平成12年(2000)	JWWA K127、K129にロング受口管が追加される
平成18年(2006)	JIS K9797「リサイクル硬質ポリ塩化ビニル三層管」が制定
平成18年(2006)	JIS K9798「リサイクル硬質ポリ塩化ビニル発泡三層管」が制定
平成23年(2011)	JWWA K127とK129が統合されK129に、K128とK130が統合されK130となる

5 鋳鉄管の歴史

近代水道に貢献した鋳鉄による水道管

鋳鉄ははじめの頃は、戦闘用の小道具として使われていました。1311年にドイツで、1345年にはイギリスで、本格的な大砲と砲弾がつくられるようになり、鋳鉄管がつくられるようになりました。

最古の鋳鉄管は、ドイツのディルレンブルク城の鋳鉄管と考えられています。その鋳鉄管は、1455年から1760年に城を壊すまで給水を続けていたという記録があります。管の接続は、片側の端を細くして片側の端を太くした差し込み方式となっていました。

広く知られているものとしては、ベルサイユ宮殿への約8㎞の送水管があります。1664年から1688年にかけて布設されたもので、管の長さは約105㎝のフランジ継手で、現在もメンテナンスをしながら、使われています。

日本では、明治18年（1885）横浜市において近代水道が計画されました。当時日本では鋳鉄管は製造できる技術がなく、すべてイギリスから輸入されたものに頼らざるを得ませんでした。

日本で鋳鉄管が製造できるようになったのは明治26年で、鋳型を水平において熔鉄を注入する横込法により、鋳鉄管の製造が行われるようになりました。その後、傾斜式鋳込みから、鋳型を垂直に立てて鋳込みを行う立吹法が開発され、管長も順次長いものが製造されるようになりました。

昭和5年（1930）には、より高い強度を持つ高級鋳鉄管が開発されました。従来の鋳鉄管を普通鋳鉄管と呼び、高級鋳鉄と区分されました。（学術上は、どちらもねずみ鋳鉄に分類されます。）

高級鋳鉄管が普及したころから、普通鋳鉄管は使用されなくなり、昭和15年（1940）ごろには製造を終了しました。昭和23年にアメリカでダクタイル鋳鉄が発明され、日本でも昭和28年（1948）にダクタイル鋳鉄管の生産が開始され、高級鋳鉄管も昭和46年（1971）ごろには製造を終了しました。

●最古はドイツのディルレンブルク城の鋳鉄管
●日本では明治26年に横込法によって鋳鉄管の製造がはじめられた

ディィルレンブルク城の給水管

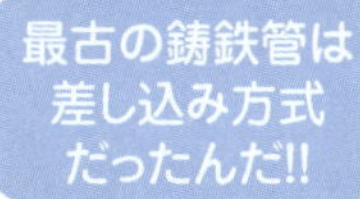

日本近代水道最古の水道管

この記念碑に、次のように記載されています。
明治20年（1887）日本初の近代水道がイギリス人パーマーの指導により、ここ横浜の地に誕生しました。相模川と道志川合流点（現津久井町に水源を求め、44km離れた野毛川貯水場に運ばれた水は、浄水され、市内に給水されました。
この野毛坂の地下には、当時のイギリス式水道管が埋設されていて、今も働き続けています。
当時の水道管を利用して造られたこの記念碑は、パーマーをはじめ、多くの先人たちの偉業を偲んで建立したものです。

鋳鉄管の材質の変遷

年 次	材 質
1890年頃～1940年頃 （明治中期～昭和10年代頃）	普通鋳鉄
1930年頃～1970年頃 （昭和5年頃～昭和40年代中頃）	高級鋳鉄
1954年以降 （昭和29年以降）	ダクタイル鋳鉄

用語解説

ねずみ鋳鉄：鋳鉄は炭素量の多い鉄−炭素合金で、定義上2.06～6.67%の炭素を含みます。一般には2.5～3.5%の炭素を含むものが利用されています。この組成の鋳鉄を溶融させて鋳造した後、ゆっくりと冷やすとねずみ鋳鉄になります。ねずみという名称は、破面が灰色、つまりネズミ色であったことに由来します。

6 鋼管の歴史

鋼管製造法の変遷

世界ではじめて鋼管が製造されたのは、1800年台初期のこと。平炉式製鋼法の開発など、冶金学の発達により、鋼板の多量生産が可能となり、加工品の一つとして生まれました。

1812年イギリスで、ヘンリー・オズボンが錬鉄で造られた板を円筒に丸めて加熱し、その中に心金を入れ半円形の溝のあるタップを用いて槌打ちして重ね鍛接する方法を発明しました。その後、1825年にアメリカで加熱した帯鋼を熱間引抜で突き合わせて鋼管を製造する方法を発明しました。さらに、1923年に連続式鍛接鋼管製造法（フレッツ・ムーン法）が製造されるようになりました。日本では、1927年にドイツのメーヤー社より主要設備を輸入して、非連続鍛接管の製造を始めたのが最初です。

継目無鋼管は、1885年にドイツのマンネスマン兄弟により、継目無鋼管の圧延機が発明されました。それから1891年にマンネスマン穿孔機で造られた素管を薄肉管に仕上げるためのピルガーミル法が完成しました。日本では1913年ドイツのデマーク社より主要設備を輸入して、マンネスマン・プラグミルによる継目無鋼管の製造が開始されました。

電気抵抗溶接鋼管は、1877年にアメリカのトムソンが接触抵抗熱を利用して金属を溶接する方法を考案し、1924年アメリカのジョンストンが冷間圧延で帯鋼を形成し、電気抵抗溶接で継目を溶接する電縫管製造法を確立。日本最初の電縫管製造は、1935年にジョンストン式によるものでした。

1881年にフランスのモアッサンが炭素アーク熱を用いて金属を溶融する方法を発明しました。1887年に炭素アーク溶接法、金属アーク溶接法がロシアで発明され、1910年にスウェーデンのケンベルヒが被覆アーク溶接棒を発明しました。1935年にアメリカでサブマージ・アーク溶接法が発明され、日本では1960年に導入されました。

要点BOX

- はじめは鍛接鋼管、ついで継目無鋼管が開発された
- アーク溶融の発明は1881年フランス

鍛接鋼管と継目無鋼管

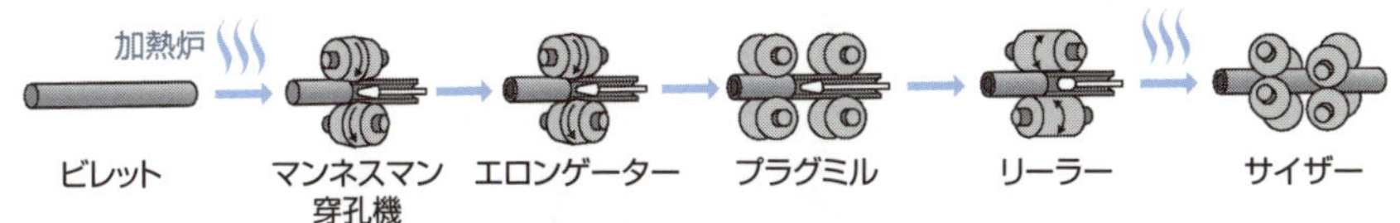

鋼管製造法の変遷

種類	西暦	鋼管製造方法
鍛接鋼管	1812年	重ね鍛接法(イギリス)
	1825年	突合せ鍛接法(アメリカ)
	1923年	連続式鍛接鋼管製造法(フレッツ・ムーン法)(アメリカ)
	1927年	日本で製造開始
継目無鋼管	1885年	穿孔機(マンネスマン法)(ドイツ)
	1891年	圧延機(ピルガーミル法)(ドイツ)
	1913年	日本で製造開始
電気抵抗溶接鋼管	1877年	接触抵抗熱を利用して金属を溶接する方法を考案(アメリカ)
	1924年	電縫管製造法(アメリカ)
	1935年	日本で製造開始
アーク溶接鋼管	1881年	炭素アーク熱利用の溶接法を考案(フランス)
	1887年	炭素アーク溶接法、金属アーク溶接法(ロシア)
	1910年	被覆アーク溶接棒の発明(スウェーデン)
	1935年	サブマージ・アーク溶接法(アメリカ)
	1960年	日本でサブマージ・アーク溶接法導入

サブマージ・アーク溶接法の原理

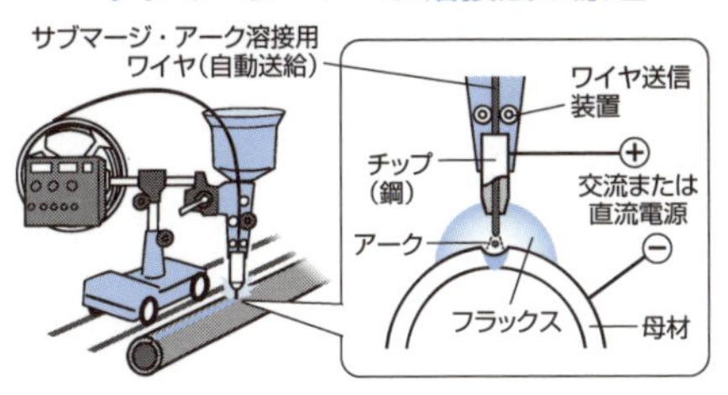

母材上にあらかじめ散布した粉粒状のフラックス中に電極ワイヤーを送り込み、この先端と母材との間にアークを発生させて溶接を連続的に行う溶接法です。

(出典:(社)日本溶接協会,2001)

用語解説

錬鉄:炭素の含有量が少ない鉄のこと

鍛接:金属を接合する接合法の一種で、二つの金属材料の表面を密着させて、加熱と同時に打撃または加圧して行う高温圧接のこと

ピルガーミル法:圧延加工の一つの方法

マンネスマン・プラグミル法:マンネスマン穿孔機では、互いにななめに傾斜したロールで材料を圧下します。丸ビレットを直径方向に圧縮しながら回転させると、ビレットの中心部に容易に孔があくというマンネスマン効果によってビレットが穿孔されます。穿孔された材料は、エロンゲーターで拡管したのち、プラグミルで薄く、長く伸ばし、リーラーで内外表面を滑らかにし、サイザーで寸法の最終調整を行います。

7 銅管の歴史

給湯用と水道用で広く使用

銅は、紀元前8000年頃の新石器人が人類として初めて使った金属で、地表の自然銅を偶然見つけたようです。紀元前6000年以降になると、人類は銅を火で溶かす鋳造技術を身につけました。

紀元前2750年頃、エジプトのアプシルに建設された神殿に、銅でつくった給水管が使われていました。その銅管の一部は、ベルリン博物館に所蔵されています。

紀元前300年のローマ時代に建設されたローマ水道に、木管や鉛管が多く使われていますが、高級品だった銅は、水栓や弁などに使われていました。

紀元前300年頃（弥生時代）に日本でも銅が使われるようになりました。中国から朝鮮半島経由で輸入された青銅器です。708年には日本でも大規模な鉱脈が発見され、東大寺の大仏や、日本最初の貨幣の和同開珎が銅でつくられました。

室町時代にはいると、中国、オランダ、スペイン、ポルトガルなどと貿易をして、鉄砲や武器・貨幣・日常生活の器具など、銅に関する需要が内外ともに活発となりました。ことに江戸時代の寛文・元禄の頃に、銅は金銀にかわって長崎貿易の主力となりました。17世紀から18世紀中頃までは、日本が世界1位の銅生産国でした。

銅管が日本で初めて使われたのは、1923年大阪医大付属病院で給湯用に使用されたのが始まりといわれています。水道用としては、1932年に東京市水道局が、1937年に大阪市水道局が、銅管を採用しました。

欧米諸国では、給湯管や給水管で銅管が主流を占めています。日本では給湯管に広く銅管や被覆銅管が使用されていますが、給水管としての使用は健康上の理由から以前はあまり使用されませんでした。しかし、抗菌作用やその適性が見直され、札幌市、釧路市、銚子市では給水管に多く被覆銅管が使用されています。

- ●古代では銅は高級品で水栓や弁にしか使われなかった
- ●日本では給湯用が主だったが水道用途にも使用

自然銅

樹枝状

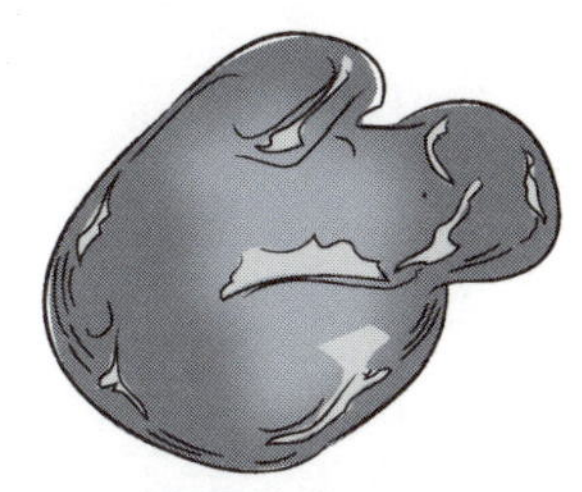

塊状（ナゲット）

糸状

霰石だった自然銅

和同開珎

東大寺の大仏

欧米諸国と日本の給湯・給水分野における銅管の使用状況

国名	給湯・給水
米国	給湯・給水で85%が銅管（33万トン／年）
フランス	給湯・給水で80%が銅管
オランダ	給湯・給水で90%が銅管
イギリス	給湯・給水で85%が銅管
日本	給湯で50%、給水で2%が銅管

（出典：一般社団法人日本銅センターHPより）

8 鉛管の歴史

ローマ時代にすでに本格普及していた

水道と鉛管との関係は、長い歴史があります。古代ローマ水道では、水源から水路を使って首都の近郊に運んでくると、丘の多いローマ市内へ供給するため、アーチ構造で水路を支えるアーケードが建設されました。これはぎりぎりまで水面を高く保つための工夫です。ローマに着いた上水は不純物をとるため、沈殿池に集められて、地中浅くに埋められた鉛管を通じて、町の地区に配分されました。

西暦79年ヴェスヴィオ火山の噴火により火山灰で埋まったポンペイでは、遺跡の一部に水道用の鉛管があり、当時の水道の普及が伺えます。

また、ローマの鉛管には規格があって、フロンティヌスの「ローマ市の水道書」に記載されているというから、驚きです。ローマの鉛管は、鉛板を芯棒のまわりでたたいて、洋梨形にしました。つぎに、管の中に砂を詰めて、接合部をはさんで両側に粘土で型枠をつくって、溶融鉛を流し込んで接着しました。

管と管との接合は、一方の管端を広げて、一方の管端を細くして接合し、型枠で包んで溶融鉛を流し込んで接合しました。

日本での鉛管の使用は、近代水道になってから、主に給水管として、1980年代後半まで使用されていました。鉛管は、錆が発生せず、可とう性、柔軟性に富み、加工・修繕が容易であることから、使用されてきました。

水道水には、自然界から溶け込んだ鉛がわずかに存在することはありますが、鉛の汚染源は給水管に使用されている鉛管、はんだ等の配管材料です。

鉛管は鉛が水中に溶け出して、鉛中毒となる危険性があるため、現在では新規に給水管を設置する場合には使われていません。古代ローマ帝国が滅亡した原因として鉛管を使用していた説がありますが、当時は蛇口がなく、水の停滞はなかったので俗説とされています。

要点BOX

- ●ローマの鉛管にはすでに規格があった
- ●鉛中毒の危険性のため、現在は新規には使われていない

鉛管のしくみ

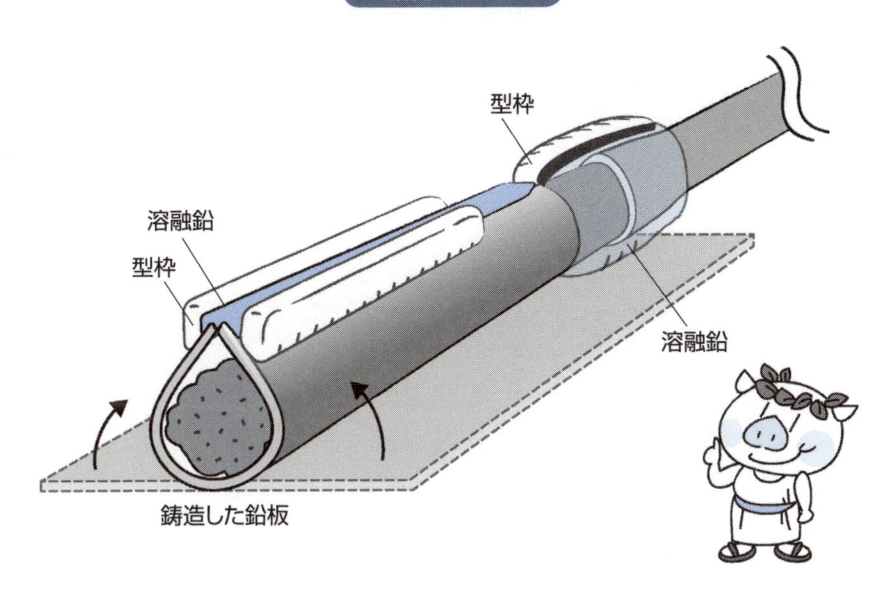

鉛管に関する水道水質基準

項目	基準
鉛及びその化合物	鉛の量に関して、0.01mg/L以下

9 陶管の歴史

窯の進化が支えた陶管と土管

陶管にはうわ薬（釉薬（ゆうやく））をかけて焼いた「陶管」と一般に「土管」といわれる素焼陶管がありますが、ここでの「陶管」は「土管」も含めることとします。

中国では紀元前21世紀以前の遺跡から排水用の土管が発掘されています。また、紀元前18世紀の古代バビロニア王朝の墓の地下排水に使われていました。歴史遺跡の調査から、土管はまず王の墓や公共施設の排水用に用いられ、次に集落の発達とともに上水用にも使用されるようになったようです。

日本では7世紀の飛鳥時代になってから、朝鮮半島から瓦造りの技術が伝わり、瓦と同時に土管造りも伝わりました。

16世紀に入ると、堺環濠都市周辺で主に瓦質の印ろう式土管が、奈良周辺では瓦質のソケット付き土管を使用していた遺跡が、見つかりました。

明治維新に鎖国政策から開港すると、外国人とともに伝染病も上陸しました。そのため行政機関は、抜本的な対策として上下水道の建設に追われました。当時の下水道には、土管が最も多く使われ、常滑焼土管が多く採用されました。常滑焼土管は、鉄道建設に使用する土管として比較試験をしたところ、抜群の成績をおさめたことから採用されるようになりました。

明治末期になると、常滑・三河で土錬機・土管機が開発され、また電力も供給されるようになり、第一次世界大戦で各土管企業は生産に追われ、従来の登窯から石炭窯へと転換しました。

明治40年以降はセメント系の下水管が製造されるようになり、大口径管はコンクリート管が採用されるようになりましたが、小口径管は土管がシェアを占めました。戦後は、小口径管で塩ビ管規格が承認され、塩ビ管のシェアが大きくなりました。現在は、2mの長尺管や卵形管・推進管などを開発して、「セラミックパイプ」の愛称となっています。

要点BOX
- ●瓦造りの技術とともに伝えられた土管造り
- ●明治時代に注目された常滑焼土管

窯の進化年表

窯の進化年表

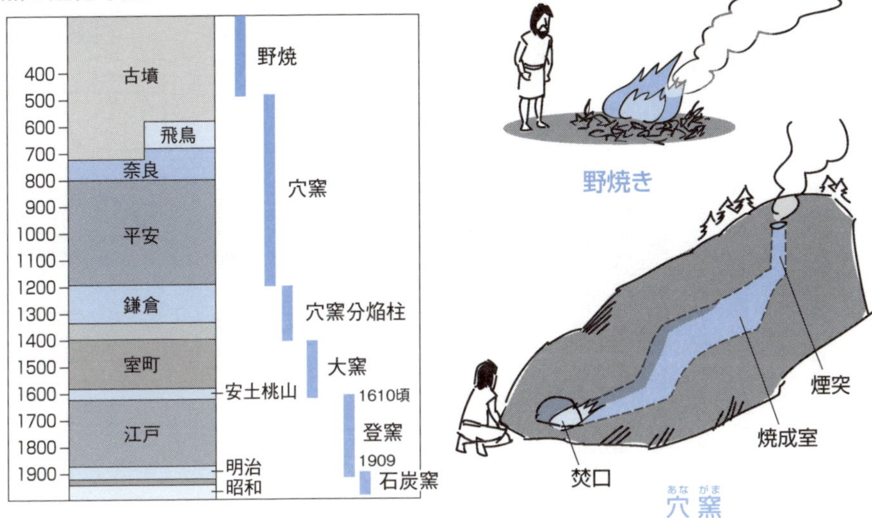

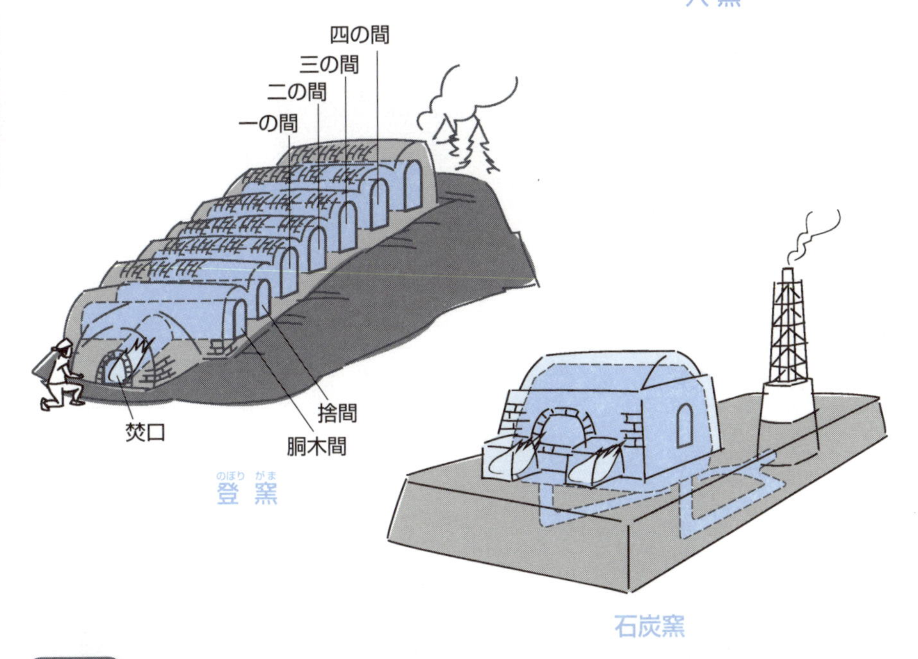

用語解説

環濠(かんごう)都市：都市の周辺に堀をつくって、堀を外敵からの防護施設や排水濠として利用した都市
常滑(とこなめ)焼(やき)土管：愛知県常滑市を中心とし、その周辺を含む知多半島で焼かれる土管

10 ポリエチレン管の歴史

き裂漏水事故、水泡はく離事故の教訓

ポリエチレン樹脂は、1933年にイギリスのICI社によって開発されました。欧米諸国おいては、早くから広く一般産業用や家庭用に使用されていました。また、ポリエチレン管についても水道用給配水管や農工業用配管など広範囲に使用されていました。

日本において、水道用ポリエチレン管は、1953年頃から使用されるようになりました。当初低密度ポリエチレン樹脂（LDPE）を用いた小口径の給水管として使用されはじめました。

1955年頃からは、第一世代高密度ポリエチレン樹脂（HDPE）の給水管も使用されるようになりました。しかし、1970年頃に第一世代HDPEのき裂漏水事故、さらに1975年頃にはLDPEの水泡はく離事故が多発し、これらの管の撤去、他種管への布設替えが緊急の課題となりました。これに対して、HDPEの耐き裂性の向上を図るため、1980年頃には耐き裂性が向上した第二世代HDPEを用いた給水管が開発されました。しかし、第一世代HDPE管への水道界の不信感は根強く残りました。

一方、LDPEの水泡はく離事故は、その後の調査の結果、ポリエチレン管に含まれるカーボンブラックが、水道水中の塩素により、ポリエチレン樹脂の劣化反応を促進することが判明しました。1988年に、内層にはカーボンブラックが入っていない層、外層にはカーボンブラックが入っている層がある二層管が開発されました。今日では、給水用ポリエチレン管のほぼ100%がL-LDPEによる二層管となっています。

その後、1989年にベルギーのソルベイ社によって、第三世代HDPEと呼ばれる高性能ポリエチレン樹脂（HPPE/PE100）が開発されました。このHPPE/PE100は、青いポリエチレン管ですので、通称青ポリとも呼ばれています。1995年に発生した阪神淡路大震災のときに、ガス管に使われていましたが、被害がなかったことから注目されるようになりました。

要点BOX

●1970年頃に第一世代HDPEのき裂漏水事故、1975年頃にはLDPEの水泡はく離事故が発生。現在では課題を解決した管が登場している

ポリエチレン管の歴史

年代	国	出来事
昭和8年(1933)	イギリス	ICI社にてポリエチレン樹脂開発
昭和28年(1953)	日本	日本において低密度ポリエチレン樹脂管(LDPE)が水道用として使用される
昭和30年(1955)	日本	第一世代高密度ポリエチレン管(HDPE)の給水管への使用
昭和45年(1970)	日本	HDPEのき裂事故
昭和50年(1975)	日本	LDPEの水泡はく離事故
昭和55年(1980)	日本	第二世代HDPEを用いた給水管を開発
昭和63年(1988)	日本	L-LDPE給水二層管を開発
平成元年(1989)	ベルギー	ソルベイ社による第三世代高機能ポリエチレン樹脂(HPPE/PE100)を開発
平成9年(1997)	日本	日本水道協会規格(JWWA K 144　水道配水用ポリエチレン管、JWWA K 145 水道配水用ポリエチレン管継手)が制定
平成17年(2005)	日本	日本水道協会規格(JWWA Q100)「水道事業ガイドライン」で耐震管として認められる。

分子量分布の改良(イメージ)

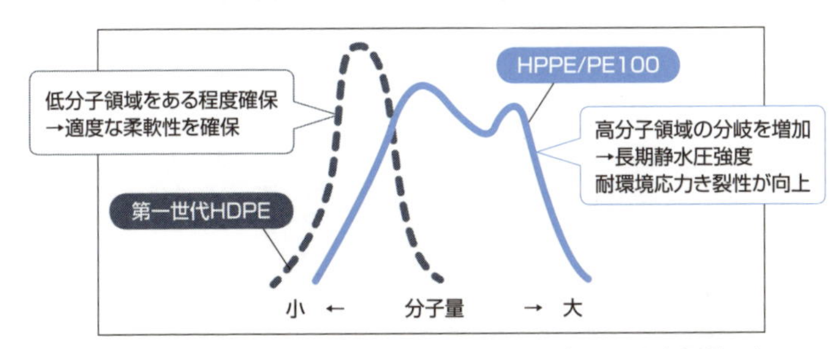

(出典：「配水用ポリエチレンパイプシステム協会資料」より)

ポリエチレンの結晶構造の改良(イメージ)

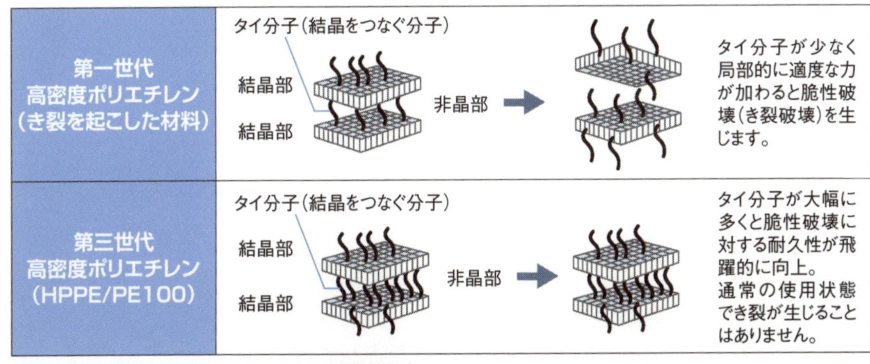

(出典：「配水用ポリエチレンパイプシステム協会資料」より)

11 強プラ管の歴史

強化プラスチック複合管

強化プラスチック複合管は、内外面にFRP層、中間に樹脂モルタル層を配した複合管です。英語名の頭文字をとってFRPM管ともいい、「強プラ管」の愛称でも呼ばれています。

強プラ管は、異質で異形の材料を組み合わせて、単体ではなかった特性を持たせることによって、要求性能に適合する管として開発されました。このような複合材料を組み合わせたものとしては、鉄筋コンクリート、アスファルト、合板等があります。

プラスチックは、1868年にアメリカのハイアット兄弟が「セルロイド」を開発したのが最初です。その後、1907年にはベークランドが、フェノール（石炭酸）とフォルマリンを反応させてフェノール樹脂を開発しました。開発者の名前から「ベークライト」命名されました。セルロース誘導体を原料とするセルロイドと異なり、合成による最初のプラスチックとなりました。

その後も色々な樹脂は開発されましたが、加熱、加圧しなければならなかったため、設備等のコストがかかりました。1942年になって、常温、常圧で硬化する樹脂として不飽和ポリエステル樹脂がアメリカで開発されました。このとき開発された樹脂が現在のFRPの樹脂なのです。

FRPの成形法として、初期段階はハンドレイアップ法が用いられ、1957年頃にスプレイアップ法が部分的に置き換わるようになりました。強プラ管の成形法の一つであるフィラメントワインディング法（FW法）は、1947年頃にロケット用圧力容器製造法として開発に着手し、1955年頃には確立されました。

1960年代に日本では上下水道、農業用水などの管材として、プラスチック系管材の要望が高まり、1964年頃にFRP管の開発に着手。FW法により管の内外面をFRP層で成形し、管の中間部に樹脂モルタル層を配したサンドイッチ構造の強プラ管が開発され、1970年に生産・販売を開始しました。

- 内外面にFRP層、中間に樹脂モルタル層を配した複合管
- FRPの成形法の進歩により管材として完成

強プラ管の歴史

強化プラスチック複合管 →愛称：強プラ管
(Fiberglass Reinforced Plastics Mortar Pipes) →FRPM管

年代	国	出来事
明治元年(1868)	アメリカ	ハイアット兄弟「セルロイド」の開発
明治40年(1907)	アメリカ	ベークランドがフェノール樹脂を開発
明治42年(1909)	ドイツ	フェノール樹脂の工業化
明治43年(1910)	アメリカ	フェノール樹脂の工業化
昭和6年(1931)	アメリカ	FRPのガラス繊維の開発をOwens Illiois Glass社が開発を始める
昭和17年(1942)	アメリカ	不飽和ポリエステル樹脂を開発
昭和39年(1964)	日本	FRPM管の開発着手
昭和45年(1970)	日本	強プラ管の生産・販売
昭和48年(1973)	日本	強プラ管協会設立、協会規格としてFRPM K-111(圧力管規格)、FRPM K-201(下水管規格)が制定
昭和49年(1974)	日本	(社)日本下水道協会規格「下水道用強化プラスチック複合管JSWAS K-2」が制定され、建設省標準布設歩掛りも決定される
昭和51年(1976)	日本	農林水産省が「既設FRPM管の水理実験」を実施し、設計C値を150に決定
昭和52年(1977)	日本	「農林水産省土地改良事業計画設計基準、設計、水路工(その2)パイプライン」に強プラ管の設計仕様が採用され、標準歩掛りも制定
昭和59年(1984)	日本	日本工業規格JIS A 5350(強化プラスチック複合管)が制定
平成元年(1989)	日本	(財)国土開発技術研究センターにて「下水道用強化プラスチック複合管道路埋設指針」が制定
平成11年(1999)	日本	「道路土工カルバート指針」に採択
平成16年(2004)	日本	日本で初めて内挿用管材として(社)日本下水道協会規格「下水道内挿用強化プラスチック複合管」(JSWAS K-16)が制定 2013年にはLP3種管(内水圧管)を取り入れる改定
平成23年(2011)	日本	(財)下水道新技術推進機構より、下水管渠の更生工法「強プラ管鞘管工法」として「建設技術審査証明」を取得更新

FRPの成形法

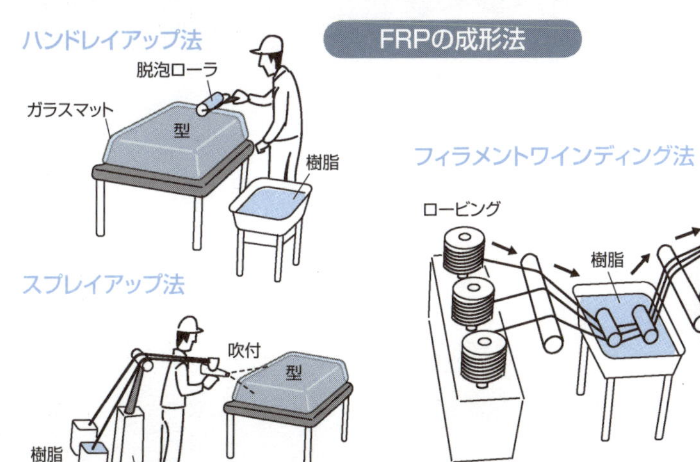

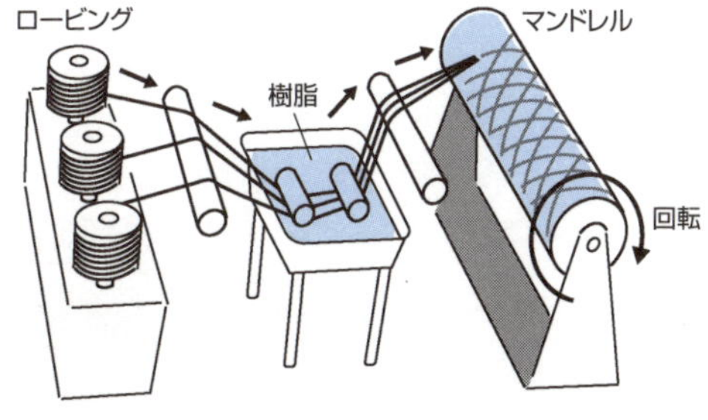

Column

鉛とワイン

鉛は比較的柔らかく加工が容易なため、歴史の中で数多く使われてきました。古代では、クレオパトラの目元は化粧として、鉛鉱物の粉が使われていたといわれています。

しかし、鉛は毒性を持つことから、多くの用途で使われなくなりました。

鉛は呼吸器や消化器を介して人体に吸収され、最終的には骨に沈着して蓄積されます。体内からは主に尿として排泄されますが、体内の濃度が半分になるには約5年かかるといわれています。

ワインと鉛は、歴史的に深い係わりがあります。ワインの甘味添加物として、古代から鉛が使われていました。甘くなるのは、鉛がワイン中に生じる酢酸と反応して酢酸鉛（鉛糖）が生じるからです。ワインに鉛を添加することは品質保存のための方法として19世紀まで当然のこととして行われていました。その方法は、ワインの瓶ごとに散弾を一つ入れるだけです。

ベートーベンの難聴の原因は鉛中毒ではないかといわれています。ベートーベンの残した髪の毛の鉛濃度は正常人の42倍（25ppm）もあり、重度の鉛中毒であったようです（諸説あり）。髪の毛の鉛の濃度から推定すると、少なくとも1日3～4本のワインを飲んでいたと推測されています。

第2章

いろいろな水道管

12 ヒューム管

外圧管、内圧管の概要

ヒューム管とはコンクリートの締固めに遠心力を応用して成形された鉄筋コンクリート管です。コンクリートの締固め時の遠心力は、重力の25倍から40倍で、コンクリート中の水分が絞り出され、水セメント比は30％以下の堅固なコンクリートになり、同一配合の振動締固めコンクリートよりも約30％強度が増加します。

ヒューム管は、使用される用途や埋設方法により、外圧管・内圧管・推進管・異形管・特殊管に大別されます。ここでは、概要のみ説明します。

外圧管は、継手の形状によってA形、B形、NB形、NC形、NE形、NL形があります。

●A形：最も歴史の古い継手形状で、管とカラーから構成されています。カラーはコンクリートカラーとステンレスカラーがあります。コンクリートカラーの場合は硬練りモルタルでコーキングして接合します。

●B形：管端が受口と差し口からなっており、シール材を用いて接合します。

●NB形：B形より受口を長くし、抜出し長の機能を向上させたもので、シール材を用いて接合します。

●NC形：C形より管の厚さを増し、抜出しの性能を向上させたもので、シール材を用いて接合します。

外圧管とは、管の外面からの力に対して耐えるように設計された管で、管の外圧によって1種、2種、3種に区分され、厚さは変えずコンクリート強度と鉄筋量が異なります。2種管のほうが1種管より外圧強度が大きいです。1種管と2種管の外圧強さの倍率は、外圧管で約1.4～1.6倍、推進管Φ700以下で約1.5倍、推進管Φ800以上で約2倍高くなっています。

内圧管とは、内圧が生じるような場所に使用する管で、主に内圧と埋戻し土による外圧に耐えるように設計されている管です。

2、4、6K管があり、2K管とは0.2MPaの水圧に耐える管のことをいいます。

要点BOX
- ●外圧管・内圧管・推進管・異形管・特殊管がある
- ●継手の形状によって性能が違う

ヒューム管の種類

- ヒューム管
  - 外圧管
    - 1種 ---- A形、B形、NB形、NC形
    - 2種 ---- A形、B形、NB形、NC形
    - 3種 ---- NC形、NE形、NL形
  - 推進管
    - E形小口径推進管／NS小口径推進管
      - 1種
        - 標準管、先頭管
        - 短管
      - 2種 ― 標準管、短管、先頭管
    - E形推進管
      - 1種
        - 標準管、接続管
        - 中押管
      - 2種
        - 標準管、接続管
        - 中押管
    - NS推進管
      - 1種
        - 標準管、接続管
        - 中押管
      - 2種
        - 標準管、先頭管
        - 中押管
  - 内圧管
    - 2K ---- A形、B形、NC形
    - 4K ---- A形、B形、NC形
    - 6K ---- A形、B形
  - 異形管
    - T字管1種、2種
    - Y字管1種、2種
    - 曲管(U形、V形)1種
    - 支管(A、B、C)1種
    - 短管1種、2種 ---- BS形、BT形
  - 特殊管
    - 集水管1種、2種 ---- B形、NB形

13 塩ビ管

VP管とVU管

塩ビ管とは、正式名称が「塩化ビニル管」と呼ばれる配管材料のひとつです。

塩ビ管は、「塩化ビニル樹脂」と呼ばれる腐食に強い樹脂成分を主原料にし、さらに良質な安定剤、顔料を加え、加熱した押出成形機に流し込むことで製造されます。

塩ビ管の色について、一般によく見かける塩ビ管はねずみ色のものが主流です。しかし、ねずみ色以外の配管もあります。

塩ビ管の色は、製品の種類によっておおまかに分類されており、VP管はねずみ色が主流で、HIVP管は濃紺が主流となっています。しかし、この色でなければいけないといった厳格な規定は設けていません。

塩ビ管は、大きく分けてVP管とVU管があります。

最初はVP管だけでしたが、VP管より薄くても使用できる管材としてVU管が規格制定されました。ですから、同じ呼び径のVPとVUは外形が同じです。

主な塩ビ管の特徴は次の通りです。

●VP管は一般的に圧力用の配管に使用されます。排水用として使われる場合は、VU管より撓みにくい特性を活かして、浅埋設、深埋設に使用することもあります。

●VU管は、主に排水用に使用されます。埋設では自然流下用途の下水管に使用されます。

●HIVP管は、耐衝撃性を向上させた塩ビ管です。主に水道配管として使用され、低温時（外気温）でも優れた耐衝撃性を維持し、寒冷地や他の工事からの衝撃による被害を最小限に抑えます。

●HT管は耐熱性を向上させた塩ビ管で、高温流体用の管材です。従来の金属管とは異なり、錆や腐食による水質悪化や電食等による漏水事故などの心配がありません。

塩ビ管の長所と短所を左表のようにまとめてみましたので参考としてください。

要点BOX

●腐食に強い樹脂成分が主原料
●一般的なVP管と薄くても使用できるVU管がある

塩ビ管の種類と性能（耐圧、耐熱）

管種	使用温度範囲	設計圧力（静水圧＋水撃圧）
VP管	5～35℃	1.0MPa
VU管	5～60℃	無圧
HIVP管	5～35℃	0.75MPa

HT管

給湯用　呼び径50mm以下				
使用温度（℃）	5～40	41～60	61～70	71～90
設計圧力（MPa）	1.0	0.6	0.4	0.2

給湯用　呼び径65mm以上				
使用温度（℃）	5～40	41～60	61～70	71～90
設計圧力（MPa）	1.0	0.4	0.25	0.15

高温排水用	
使用温度（℃）	5～90
設計圧力（MPa）	無圧

（出典：㈱クボタケミックスHPより）

塩ビ管の長所と短所

	項　目	内　容
長所	軽量性	塩ビの比重は1.43と軽く、鉛の1/8、鉄の1/5、アルミの1/2なので、取扱が容易。
	耐衝撃性	塩ビの強さは、鉛の約3倍、アルミと同程度。 特に耐衝撃性パイプ(HI)は耐衝撃性・粘り強さが大幅にアップされている。
	耐薬品性	広範囲の耐薬品性に優れ、ほとんどの酸・アルカリ・塩類等に侵されない。
	耐食性	金属管のように腐食しない。
	水理特性	管の内面は滑らかで摩擦抵抗が少ない。
	施工性	現場での加工が容易で、接合が接着接合・ゴム輪接合等で簡単・迅速に行える。
	耐久性	耐用年数は50年以上
	経済性	他の管材に比べほとんどのサイズで価格が安価。
短所	低温でもろい	5℃以下になると衝撃値が急に低下するため割れやすくなる。
	ノッチ効果に弱い	材料に穴やキズなので切り欠き（ノッチ）があると、応力が加わると応力集中により強度が低下する
	熱で曲がる	熱伝導率が小さく、線膨張率が大きいので、太陽熱で表面が伸びて曲がりや反りが発生する。
	紫外線に弱い	太陽熱の紫外線によって、管表面がアタックを受けて酸化による影響で白化する。
	有機溶剤に弱い	シンナー、ベンゼン、トルエン、アセトン、クレオソートなどの芳香族炭化水素に溶ける。

14 ダクタイル鋳鉄管

強度が強く継手の種類が多い

　ダクタイル鋳鉄管の特徴は継手の種類が多く、適材適所に選択できます。主だった継手は次の通りです。
K形：ゴム輪を押輪とボルトで締め付けて接合するメカニカルタイプです。
T形：受口の内面にゴム輪を装着し、テーパ状の挿し口を挿入するのみで、簡単に接合できるプッシュオンタイプです。
U形：管内面から接合を行うメカニカルタイプです。継手の水密性は、K形と同じで、伸縮性および可とう性があります。
UF形：管の内面から接合を行うメカニカルタイプで、U形を固定したものという意味です。ロックリングを介して受口、挿し口が一体化される離脱防止機構を有しています。
NS形：大きな伸縮性と可とう性があり、離脱防止機構を有します。接合方式は、プッシュオンタイプ（呼び径300～450の異形管継手と、呼び径500以上の接手はメカニカルタイプ）となっています。
GX形：大きな伸縮性と可とう性があり、離脱防止機構を有します。接合方式は、プッシュオンタイプ（異形管は、メカニカルタイプ）で、従来のNS形と比較して、施工性が改善されています。
S50形：大きな伸縮性と可とう性があり、離脱防止機構を有します。接合方式は、メカニカルタイプです。
S形：大きな伸縮性と可とう性があり、離脱防止機構を有します。接合方式は、メカニカルタイプです。現在はNS形が存在しない呼び径1100以上の製品のみとなっています。
US形：伸縮性および可とう性を持つ、管内面から接合を行うメカニカルタイプで、最終的には受口と挿し口がかかり合って離脱防止の役目をします。
PN形、PⅡ形：伸縮性および可とう性をもつプッシュオンタイプで、最終的には受口と挿し口がかかり合って離脱防止の役目をします。

要点BOX
- ●継手の種類が多く適材適所に使える
- ●強度が強く施工性も良い

ダクタイル鋳鉄管の接合形式の名称と記号

接合形式の名称	記号	接合形式の名称	記号
K形		S50形	
T形		S形	
U形		US形	
UF形		PN形	
NS形		PⅡ形	
GX形		フランジ形	

ダクタイル鋳鉄管の種類および記号

種類	記号	適用範囲		
1種管	D1	呼び径75～2600	管厚：大 ↕ 管厚：小	水道用ダクタイル鋳鉄管 (JWWA G 113、 JIS G5526*) 1種管～4種管、PF種管 下水道用ダクタイル鋳鉄管 (JSWAS G-1) 1種管～5種管、PF種管
2種管	D2	呼び径400～2600		
3種管	D3	呼び径75～2600		
4種管	D4	呼び径600～2600		
5種管	D5	呼び径600～2600		
PF種管	DPF	呼び径300～2600 (KF形管およびUF形管)		
S種管	DS	呼び径75～250(GX形管)(JDPA G 1049) 呼び径500～1000(NS形管)(JDPA G 1042)		
P種管	DP	呼び径700～1500(PN形管(CP方式))(JDPA G 1051)		
異形管	DF	水道用ダクタイル鋳鉄異形管(JWWA G 114、JIS G5527) 下水道用ダクタイル鋳鉄管(JSWAS G-1)		

ダクタイル鋳鉄管の長所と短所

	項目	内容
長所	強度	強度が大
	強じん性	強じん性に富み、衝撃に強い
	伸縮可とう性	継手に伸縮可とう性があり、管が地盤の変動に追従できる
	施工性	施工性が良い
	継手	継手の種類が多く、適材適所に選択できる
短所	重量	重量が比較的重い
	異形管防護	継手によっては、異形管防護を必要とする
	腐食	内外の防食面に損傷を受けると腐食しやすい

15 鋼管

強度は高いが継手の溶接に時間がかかる

鋼管は大別して、継目無鋼管と溶接鋼管があります。

継目無鋼管とはパイプの長手方向に溶接や鍛接によるパイプの継目のない配管です。継目無鋼管は丸い鋼片または鋼塊を加熱し、鋼管圧延機によって圧延をして製造します。

継目無鋼管のうち、一般には圧延加工を高温度（850℃程度以上）で終了するものを熱間仕上継目無鋼管といい、その鋼管を常温でさらに成形加工したものを冷間仕上継目無鋼管といいます。

溶接鋼管とは、鋼板またはコイルをロールまたはプレスによって管状に成形し、継目を鍛接または溶接した鋼管をいいます。

鍛接鋼管は、高温に加熱した鋼帯を引き出しながら、幅方向を円形に変形させ、その両端に酸素を吹き付けて瞬間的に温度を高めながら強力に突き合わせて（鍛接）、管に加工します。

電気抵抗溶接鋼管はコイルをロールで成形し、継目に交流電流を流して加熱の上、圧着して製造するいわゆる電縫管と称するものです。

アーク溶接鋼管は、コイルまたは鋼板をロールまたはプレスで成形し、継目を溶加材を用いてアーク溶接によって接着するものです。

UO鋼管は、主に厚板の鋼材を専用のUプレス、Oプレスを用いて円筒形状に加工し、丸めた鋼板の両端をアーク溶接により内外両面から溶接接合して製造されます。

スパイラル鋼管は、素材として鋼帯（コイル）を用い、コイルを連続的に引き出しながら、成形ロールコイルをスパイラル状（らせん状）に曲げ円筒形状に加工し、継目を内外面からアーク溶接により溶接接合され製造されます。

主に厚板の鋼板を専用の成形プレスで円筒状に加工し、両端をアーク溶接により内外面から溶接接合して製造されます。

要点BOX
- ●継目無鋼管と溶接鋼管がある
- ●アーク溶接鋼管には三つの製造方法分類がある

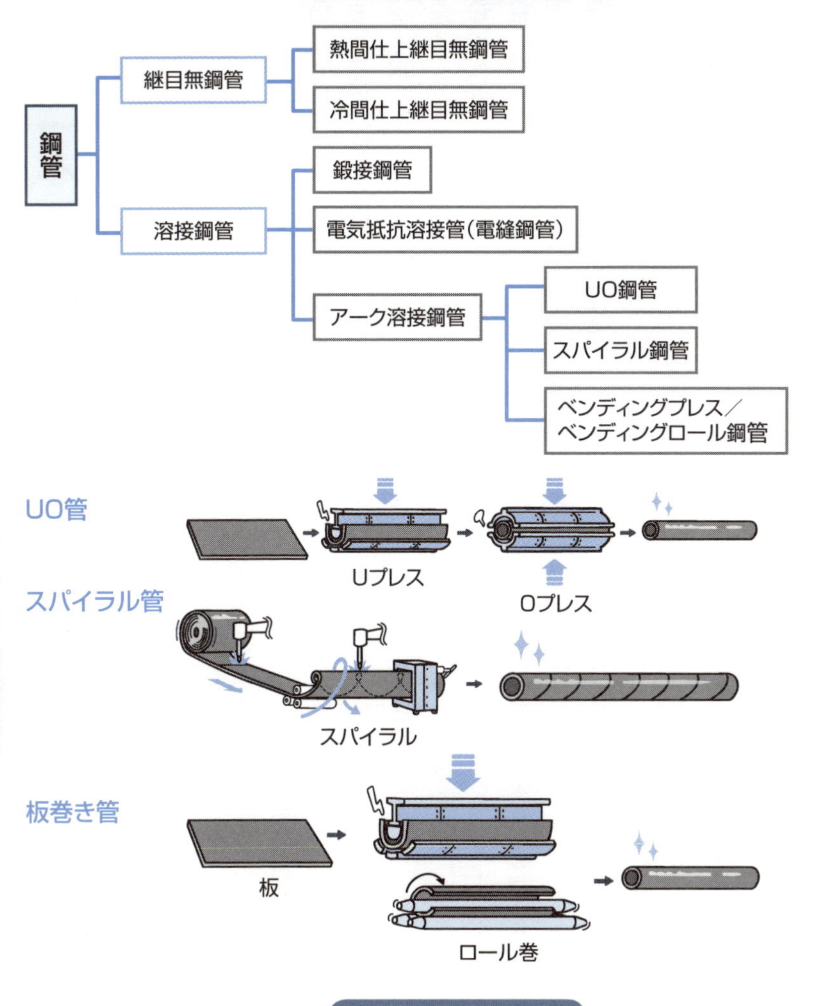

鋼管の長所と短所

	項目	内容
長所	強度	強度が大
	強じん性	強じん性に富み、衝撃に強い
	継手離脱対策	溶接継手により一体化できるため、継手離脱対策不要
短所	温度伸縮継手等	温度伸縮継手、可とう継手の挿入が必要な場合がある
	電食	電食に対する配慮が必要
	たわみ	大口径管の場合、たわみが大きい
	施工性	継手の溶接・塗装に時間がかかり、湧水地盤での施工が困難

16 ステンレス管

不動態皮膜により耐食性のある合金

ステンレスの「ステン」とは日本語で「汚れ」という意味で、「レス」は「〜ない」という意味です。つまり、「汚れない、錆びない」という意味です。

ステンレスは、鉄にクロム・ニッケルなどの元素を加えた合金鋼です。錆びにくいのは、鉄にクロムを添加することで表面に非常に薄い酸化皮膜として不動態皮膜を作るため、周辺環境と反応しにくくなり、耐食性が強くなるためです。

この不動態皮膜は、非常に緻密で密着性の良い柔軟な構造のため、地金のステンレスにくっつき、均一で薄い化学的に安定した膜になっていると考えられています。その厚さは、100万分の3㎜程度と大変薄いため肉眼では見えません。何らかの原因によって、この不動態皮膜が傷つけられても、その部分のステンレス表面が酸素と触れれば、ステンレスに含まれるクロムが酸素と結合して皮膜を再生します。

ステンレス鋼は、鉄にクロムを加え、その量が増えるにしたがって耐食性が良くなりますが、基本的にはクロムを10・5%以上加えた鋼をステンレス鋼と呼んでいます。現在、クロムの割合を変えたり、他の元素を混ぜたりして100種類近くのステンレスが使われています。ステンレス鋼は、その金属組織によって、一般には、マルテンサイト系、フェライト系、オーステナイト系、析出硬化系、オーステナイト・フェライト系(二相系)の五つの系統に分類されており、それぞれの用途に応じた鋼種を選択する必要があります。

ステンレス管は、様々な規格がありますが、水道配管に関するステンレス管の規格は、左表となります。一般配管用ステンレス鋼鋼管は、建築設備配管用として規格化されたもので、従来のステンレス鋼鋼管に比べて薄肉となっています。水道用ステンレス鋼鋼管は、ステンレス鋼帯から自動造管機によって製造されます。このため、異物等の有害な物質が混入される心配もなく、流体の流れを乱さないなどの特性を持っています。

要点BOX

- ●ステンレス鋼は鉄にクロム・ニッケルなどを加えて耐食性を高めた合金
- ●水道配管に関するステンレス管規格がある

水道配管に関するステンレス管規格

規格名称	一般配管用ステンレス鋼鋼管	水道用ステンレス鋼鋼管
規格番号	JIS G 3448(2012)	JWWA G 115(2012)
鋼種	SUS304TPD、SUS315J1TPDSUS 315J2TPD、SUS316TPD	SSP-SUS304、SSP-SUS316
用途	給水、給湯、排水、冷温水、消化用水およびその他の配管	最高使用圧力1MPa以下の水道水
製法	自動アーク溶接またはレーザ溶接	

ステンレス管の長所と短所

	項　目	内　容
長所	強度	強度が大であり、耐久性がある
	耐食性	耐食性に優れている
	強じん性	強じん性に富み、衝撃に強い
	メンテナンス	ライニング、塗装を必要としない
短所	絶縁処理	異種金属との絶縁処理を必要とする
	異種管との接合	異種管との接合に専用工具が必要

ステンレス鋼の代表的な種類

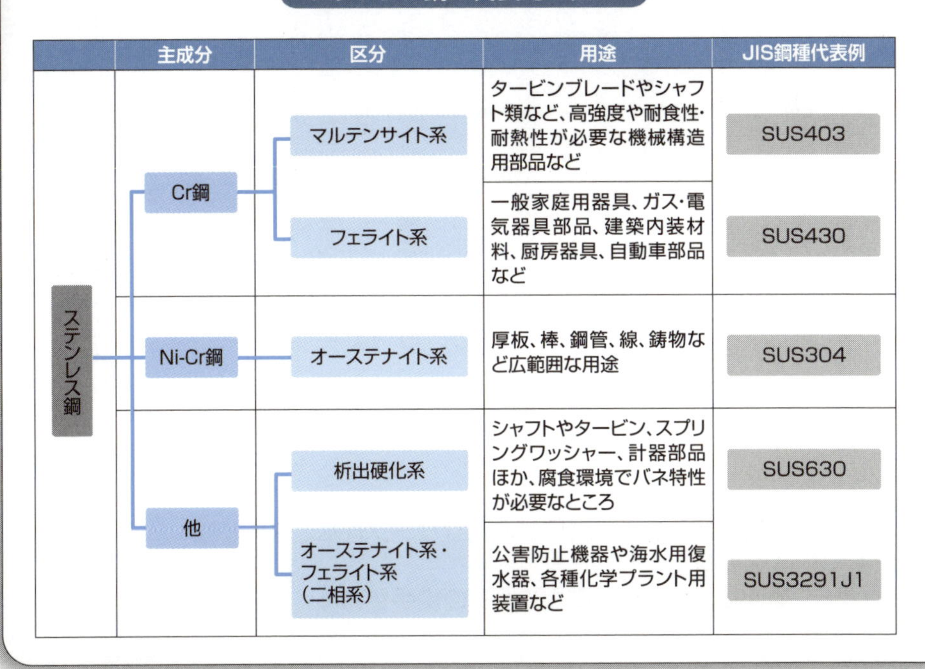

	主成分	区分	用途	JIS鋼種代表例
ステンレス鋼	Cr鋼	マルテンサイト系	タービンブレードやシャフト類など、高強度や耐食性・耐熱性が必要な機械構造用部品など	SUS403
		フェライト系	一般家庭用器具、ガス・電気器具部品、建築内装材料、厨房器具、自動車部品など	SUS430
	Ni-Cr鋼	オーステナイト系	厚板、棒、鋼管、線、鋳物など広範囲な用途	SUS304
	他	析出硬化系	シャフトやタービン、スプリングワッシャー、計器部品ほか、腐食環境でバネ特性が必要なところ	SUS630
		オーステナイト系・フェライト系(二相系)	公害防止機器や海水用復水器、各種化学プラント用装置など	SUS3291J1

17 架橋ポリエチレン管

軽く柔らかいポリエチレンを架橋で強化

架橋ポリエチレン管とは、ポリエチレン管の一種です。通常のポリエチレンの分子構造は、線上に並んでいます。この通常のポリエチレン分子を特殊な化学結合で結び、分子間に橋を架けて（架橋）網目状に補強したのが、架橋ポリエチレンです（図上）。架橋することによって、耐熱性として最高使用温度95℃まで、耐クリープ性などが大幅に向上しています。

架橋ポリエチレン管の継手の接続方式には、メカニカル式と電気融着式があります。メカニカル式での接合は、架橋ポリエチレン管の単層を使用します。電気融着式での接合は、架橋ポリエチレン管の二層を使用します。

また、架橋ポリエチレン管は使用圧力により、PN10（使用温度0～20℃の時1MPa）とPN15（0～20℃の時1.5MPa）の種類があります。樹脂管の場合、クリープ（一定の荷重をかけると時間とともに変形していく）による強度低下が懸念されます。

しかし、架橋ポリエチレン管は、常温から95℃までの温度範囲にわたり、左表のように使用温度による最高使用圧力が決められています。これは、20～95℃で約10年におよぶ長期のクリープ試験の結果によるものだそうです。このクリープ特性が、際立った特徴となっています。

架橋ポリエチレン管は、近年特にサヤ管ヘッダー工法と呼ばれる配管に使われています。ヘッダー管から各水栓までの継手が一切なく、万が一の時はそっくり取り換えができます。このそっくり取り換えが簡単にできるのは、サヤ管ヘッダー工法のサヤ管があるからできるのです。

また、架橋ポリエチレン管の接続は、特にメカニカル継手の場合、接着剤による接合やロウ付けを行わず、切って差し込むだけの施工の良さと、優れた柔軟性、耐熱性、耐食性で、屋内給水管の管種として近年多く作用されています。

●架橋することで耐熱性と耐クリープ性などを大幅に向上
●メカニカル式と電気融着式の継手がある

架橋ポリエチレン管の分子構造とその分類

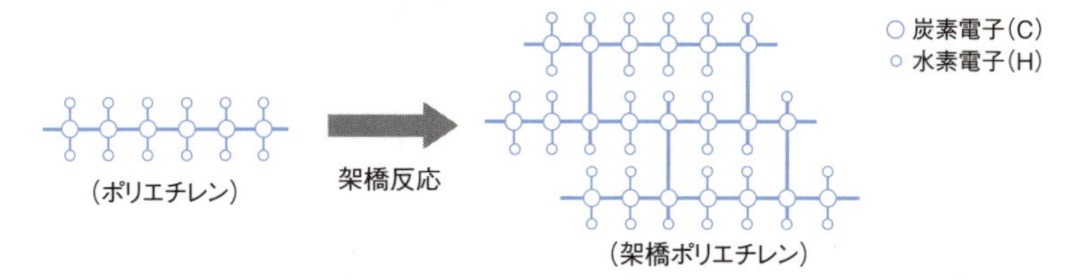

管の構造による分類		
種類	構造	種類の構造
M種	単層	XM
E種	二層	XE

種類及び記号			
種類	継手の接合方式	種類の構造	適用管の種類
M種	メカニカル式	XM	M種PN10
E種			M種PN15
	電気融着式	XE	E種PN10
			E種PN15

管の使用温度及び最高使用圧力による分類								
種類(1)	使用温度℃	0~20	21~40	41~60	61~70	71~80	81~90	91~95
PN10	最高使用圧力MPa {kgf/cm²}	1.0 {10.2}	0.80 {8.2}	0.65 {6.6}	0.55 {5.6}	0.50 {5.1}	0.45 {4.6}	0.40 {4.1}
PN15	最高使用圧力MPa {kgf/cm²}	1.50 {15.3}	1.25 {12.7}	0.95 {9.7}	0.85 {8.7}	0.75 {7.7}	0.70 {7.2}	0.65 {6.6}

注(1):種類は、水温20℃における管の最高使用圧力のグレードを表す。また、PNに続く数字は耐圧力を示し、PN10は水温20℃における管の最高使用圧力が1.00MPaを、PN15は1.50MPaを意味する。

(出典:「架橋ポリエチレン工業会HPより」)

架橋ポリエチレン管の長所と短所

	項　目	内　容
長所	軽量性	軽く、柔らかく、取り扱いが楽
	耐衝撃性	耐衝撃性に優れている
	耐食性	金属管のように腐食しない
	水理特性	管の内面は滑らかで摩擦抵抗が少ない
	施工性	接着剤が不要で、接続がワンタッチ
	耐久性	耐用年数30年以上の実績がある
短所	経済性	値段が高い
	接続のやり直し	接続のやり直しができない
	紫外線に弱い	太陽熱の紫外線によって、管表面がアタックを受けて酸化による影響で白化する

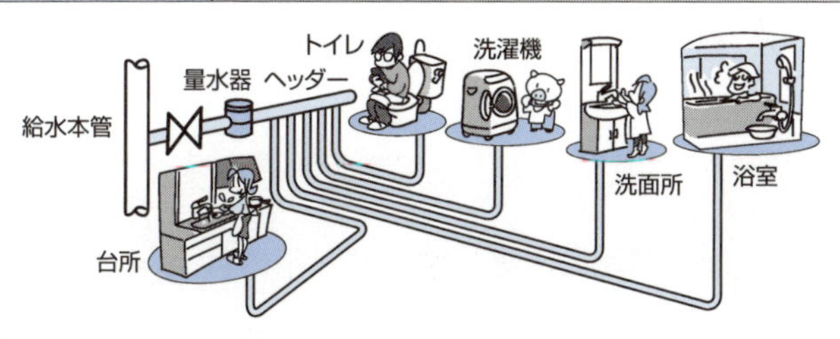

18 陶管

現在は農業用途に主に使われる自然素材管

土管は、通常600～800℃程度の低温で焼成され、粗面多孔質で吸水率が大きいが、圧縮強度が低いといった特徴があります。

陶管は、1000℃以上の高温で焼成され、金属音がするほど焼き締められて(陶管の素地を焼いて固めること)いるものをいいます。

陶管(土管、セラミック管)は、日本では明治初期から塩ビ管が普及した昭和50年代頃まで、耐食性や耐薬品性に優れていることから、下水管の本管や取付管に陶管が多く使用されていました。

陶管は下水管として、前述のように昭和以前から使用され、下水道普及に貢献してきた管材で、30年以上経過した管路の約2割を占めていますが、近年の新設下水道管路として使用されることは少なくなっています。

このように下水道普及に貢献した陶管ですが、昭和48年以降に製造方法や仕様が大きく見直され、強度の段階的な向上、有効長の延伸化(660㎜→1000㎜)、受口の成形方法の改良(手仕上げ→自動化)、止水性能の向上(モルタル→圧縮ジョイント)など技術的な進歩がありました。このようなことから、昭和50年頃以降に施工された管路で陥没件数が少なくなっている理由としては、陶管の耐荷力や止水性能等が向上したことが挙げられます。現在は廃止となっていますが、日本下水道協会規格(JSWAS)として、下水道用陶製卵形管、下水道用陶管、下水道用推進用陶管の規格が過去にありました。

陶管の現在の主な用途としては、農業用の暗渠排水や灌漑用の管路として、耐食性、耐薬品性、機能寿命が長い点から、多く使用されています。

また、自然素材(天然の粘土を成形乾燥後窯で焼成)でできているため、環境微生物との親和性や環境適応性に優れているため、河川や地下水浄化などにも応用されています。

要点BOX

●明治初期から昭和50年代頃まで下水管に多く使われていた
●主な用途は農業用の暗渠排水や灌漑用の管路

平成18年5月廃止となった日本下水道協会規格の陶管

JSWAS R-1　下水道用陶製卵形管

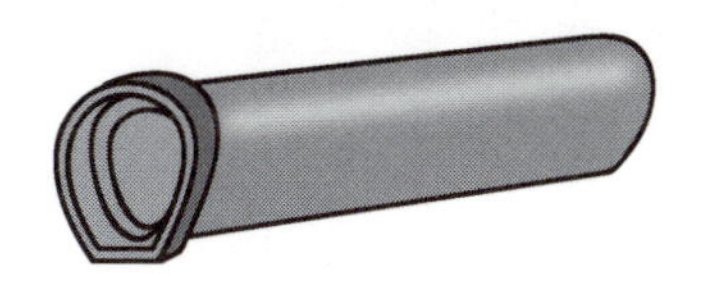
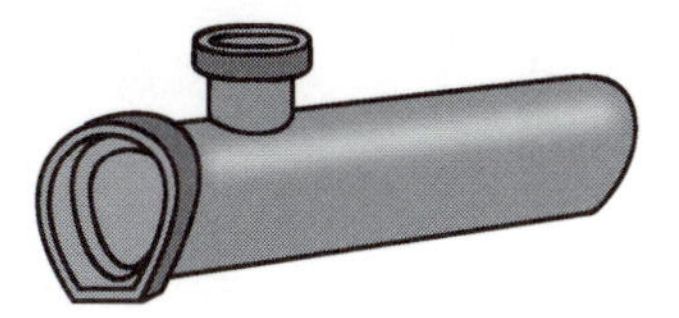

JSWAS R-2　下水道用陶管

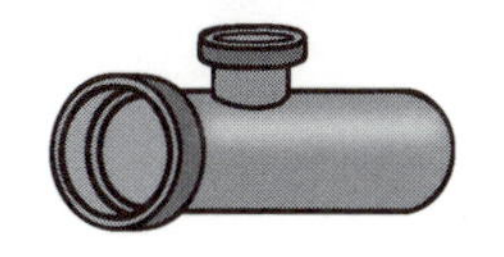

JSWAS　R-3　下水道推進工法用陶管

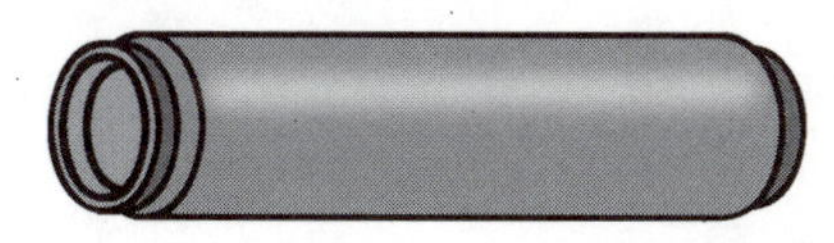

農業用の暗渠排水や灌漑用の管路としての接続例

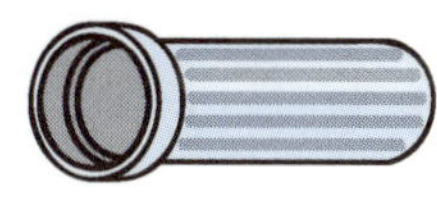
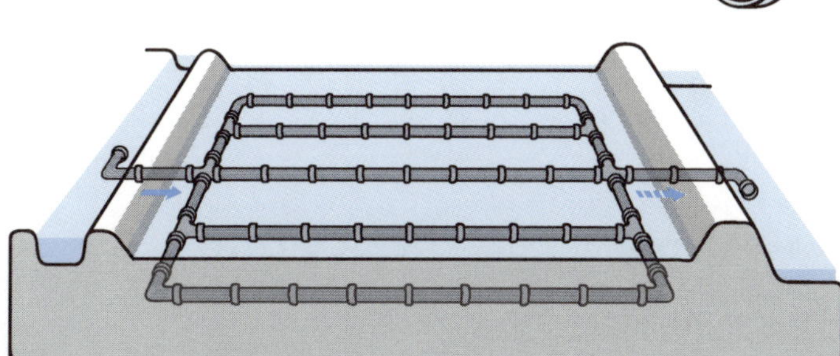

19 銅管

規制改正で給水管として注目

銅管の歴史でも触れましたが、欧米諸国では給水管に銅管が主として使われています。日本では給湯管、空調の冷媒管、ガス配管等にはよく使われますが、一般住宅の給水管ではあまり使われていませんでした。これは上水道を供給する自治体の規制で管種が決められていたことによるものです。

しかし、平成9年に水道法施行令が改正され、水道メーターから蛇口の間の給水管について、厚生省令第14号で定めた「構造と材質の性能基準」を満たしていれば、銅管を給水管として使用できることになりました。

ただし、配水管から水道メーターまでの管種の規制は今もあります。これは漏水の発見がなかなか難しいことによるものと思われます。水道メーター以降の漏水は水道料金に反映されますので、漏水が発見されやすいのです。

銅の殺菌効果として、1893年にごくわずかな銅を水に混ぜるだけで、殺菌作用を有することが発見されました。これは、金属微量作用と呼ばれるもので、銀などにも同様の効果があることがわかっています。

最近は、腸管出血性大腸菌O-157をはじめとする食中毒等に対して、殺菌効果のある商品が注目を浴びています。このようなことから、殺菌効果の優れた給水管材料として、今後の用途は広がっていくと思われます。

また、銅は血液中のヘモグロビンを作る鉄の働きを助ける役目をします。鉄があっても銅が不足して貧血になる場合もあり、これを銅欠乏症性貧血と呼んでいます。

なお、銅を湿った空気中に放置すると、空気中の水分と炭酸ガスが作用して生じる緑青は、以前は猛毒といわれていました。しかし、緑青は水に溶けず、もし体内に入っても蓄積しないことが立証され、1984年厚生省の見解として無害と発表されました。

要点BOX
- ●水道法施行令改正により給水管として使われるようになった
- ●殺菌効果があり毒性がない

銅管・被覆銅管の質別および記号

種類	タイプ	質別	被覆材料別	記号
銅管	M	軟質	—	W-O-M
		硬質	—	W-H-M
被覆銅管	M	軟質	P	P-W-O-M
		硬質	P	P-W-H-M
		軟質	V	V-W-O-M
		硬質	V	V-W-H-M

被覆材料区分

被覆材料別	タイプ	表皮材料	断面例
P	低発泡ポリエチレン （発泡倍率 約2倍）	ポリエチレン樹脂	表皮 被覆材料 原管（銅管）
V	塩化ビニル樹脂	—	被覆材料 空気層 原管

備考1）Mは、JIS H 3300の配管用銅管の寸法のMタイプを示す。ただし、受渡当事者の間の協議によって、JIS H 3300に規定するLタイプを使用することができる。

備考2）記号欄のWは水道用、PおよびVは被覆銅管の被覆材料区分を示す。また、Hは硬質（冷間加工仕上げのもの）、Oは軟質（冷間加工後、焼きなましを施したもの）の質別を示す。

（出典：一般社団法人日本銅センターHPより）

銅管の長所と短所

	項　目	内　容
長所	加工性	加工しやすい
	環境ホルモン	環境ホルモンと無縁
	衛生面	抗菌作用がある
	重量	肉厚が薄いので軽量
	施工性	施工性が良い
	継手	曲げ部分は手曲げ、パイプベンダーを使用し継手を少なくできる
	電熱性	熱が伝わりやすい
短所	衝撃	肉厚が薄いので衝撃に弱い
	継手接続	継手接続が「ろう付け」となり熟練を要する

給水装置のイメージ

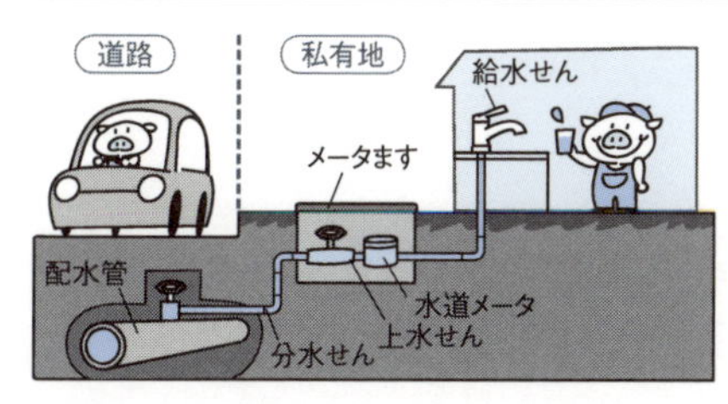

20 ポリエチレン管

非常時に備えた耐震管として使われる

ポリエチレン管の歴史でもお話したように、年代ごとに様々な種類のポリエチレン管が製造開発されてきました。水道配水用ポリエチレン管（HPPE／PE100）とは、高密度ポリエチレン管（通称青ポリ）のことをいいます。また、給水管などには、低密度ポリエチレン管を用いた2層管（通称黒ポリ）があります。ここでは、水道配水用ポリエチレン管についてお話します。

水道配水用ポリエチレン管は、軽量で柔軟性、耐食性に優れており、地震や地盤沈下など非常時における耐久性を備えています。

平成9年9月に日本水道協会規格（JWWA K 144 水道配水用ポリエチレン管、JWWA K 145 水道配水用ポリエチレン管継手）が制定されました。平成16年6月に厚生労働省より発表された水道ビジョン、平成17年1月制定の日本水道協会規格（JWWAQ100）「水道事業ガイドライン」で耐震管として認められました。

水道配水用ポリエチレン管に使用されているポリエチレン材料は、鋼管と比べ、引張強度は1／10以下と低いですが、引張伸びが10倍以上と大きく、管は柔軟で耐衝撃性に富むという特徴を持っています。

ポリエチレンを接合する方法としては、次の二つの方法が主流となっています。

●EF接合

EF（エレクトロフュージョン）接合とは、接合面に電熱線を埋め込んだ管継手（受口）に管（挿し口）をセットした後、コントローラから通電して電熱線を発熱させ、管継手内面と管外面の樹脂を加熱溶融して融着し、一体化させる接合方法です。

●メカニカル接合

金属継手でOリングや押輪を用いて接続する方法。

なお、注意事項としては、紫外線対策、ガソリン等の有機溶剤による浸透対策が必要です。また、融着継手では雨天時や湧水地盤での施工が困難です。

要点BOX

- ●軽量で柔軟性、耐食性に優れ、非常時における耐久性も備えている
- ●引張強度は低いが、引張伸びが大きい

ポリエチレン管の接合方法

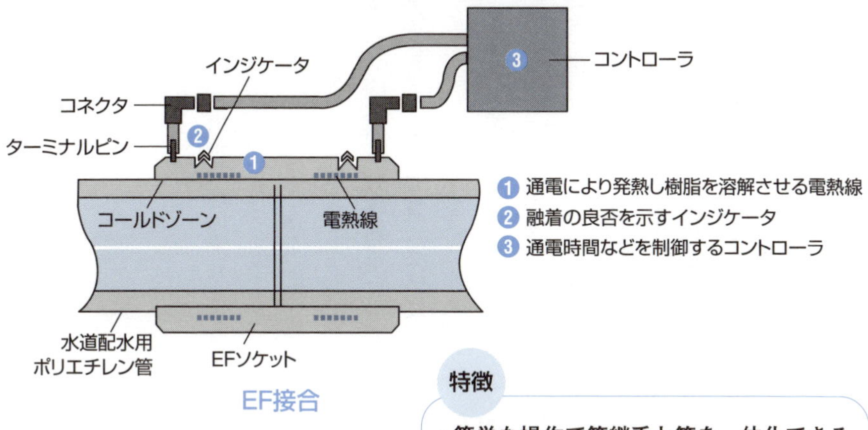

EF接合

特徴

・簡単な操作で管継手と管を一体化できる
・接合強度は管体と同等以上である
・狭い構内でも接合できる
・雨天時や水場での作業は十分な注意が必要である

（出典：「配水用ポリエチレンパイプシステム協会資料より」）

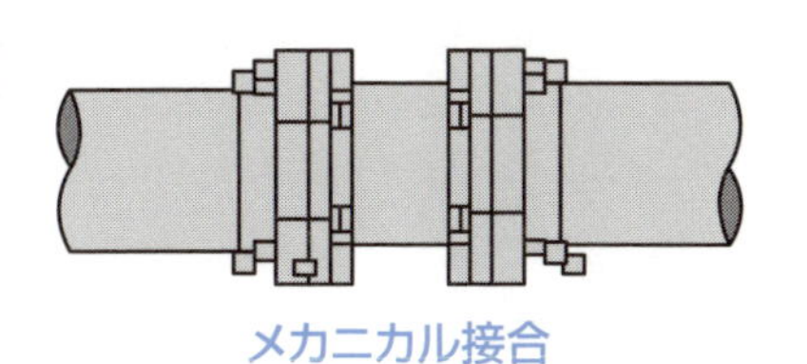

メカニカル接合

特徴

・雨天時や水場での施工が可能である
・管路の補修に適している
・EF 接合と同等の接合強度を有している

（出典：「配水用ポリエチレンパイプシステム協会資料より」）

水道配水用ポリエチレン管の長所と短所

	項　目	内　容
長所	耐震性	管路が一体化して伸びが大きいため耐震性に優れている
	耐食性	電食、酸性土壌等、耐食性に優れている
	耐電性	耐電性に優れている
	施工性	重量が軽く施工性に優れている
	継手	簡単な操作で管を一体化できる
短所	熱、紫外線	熱、紫外線に弱い
	有機溶剤	有機溶剤による浸透に注意する必要がある
	溶融継手	雨天時や湧水地盤での施工が困難である

21 強プラ管

複合材料の特性を生かした強度

強プラ管は、引張強度に優れたガラス繊維と樹脂及び骨材を組み合わせた複合管です。

構造としては、内面と外面がFRP層で中間に樹脂モルタル層を入れたサンドイッチ構造になっています。これにより、内外面の引張強度と中間層の圧縮強度が複合化されることで非常に高強度な管材となっています。

FRP層は、高強度のガラス長繊維をフィラメントワインディング法（以下FW法）により円周方向に、また軸方向にも使用し、熱硬化性不飽和ポリエステル樹脂で硬化したもので、その強度は、他のプラスチック強度よりはるかに大きいものとなっています。また、内部の樹脂モルタルは、骨材を不飽和ポリエステル樹脂で硬化したものであり、セメントコンクリートより数倍大きい圧縮強度を有しています。

管の種類は、内圧管と外圧管の別になっており、さらに内圧や外圧の強さ別となっています。（左表の「強プラ管の種類」参照）

なお、管の成形は、前述のようにFW法で成形されており、形状は次のとおりです。

B形：継手部のゴム輪が、管の挿口部外面に接着剤によって、あらかじめ接着されている構造

C形：継手部のゴム輪が、管の受口部内面に接着剤によって、あらかじめ接着されている構造

T形：継手部のゴム輪が、管の受口部内面に設けられた溝に、現場接合時に装着される構造

金属などの等方性材料では、強度はある方向の最大応力で決まり、他の方向では余分な強度を持つことになります。しかし、FRPのような異方性の複合材料では、作用する力の大きさと方向に応じて合理的に繊維を配することができるのが特徴となっています。パイプの場合は、力の作用する方向は円周方向と管軸方向ですが、両方向に最適な量の繊維を配することができます。

要点BOX

- 樹脂モルタル層をFRP層で挟んだサンドイッチ構造
- 方向に応じた強度を持てる

強プラ管の構造

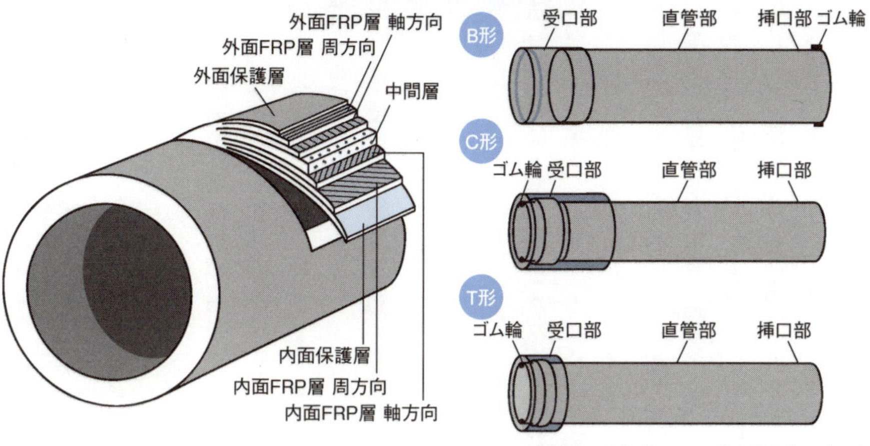

（出典：強化プラスチック複合管協会HP参照）

強プラ管の種類

内圧・外圧による区分	強さによる区分と最大設計内圧	形状による区分		
		B形（呼び径mm）	C形（呼び径mm）	T形（呼び径mm）
内圧管	1種(1.3MPa)	500～3000	200～3000	500～3000
	2種(1.05MPa)			
	3種(0.7MPa)			—
	4種(0.5MPa)			
	5種(0.25Pa)			
外圧管	1種	200～3000	200～3000	—
	2種			

（出典：強化プラスチック複合管協会資料より）

強プラ管の長所と短所

	項　目	内　容
長所	耐震性	継手に伸縮可とう性があるため、ある程度の耐震性がある
	耐食性	耐食性に優れている
	耐電性	耐電性に優れている
	施工性	重量が軽く、施工性に優れている
	継手	プッシュオンタイプの継手のため、施工が容易で特殊技能を要しない
	強度	強度が高いので、深埋設、浅埋設に適している
短所	高温水	適さない
	高水圧	適さない
	リサイクル	難しい

異形管（管継手）

配管を目的のルートに計画するため必要

ここでは、直管以外の異形管（鋼管類は管継手といいます）について見てみましょう。配管を目的のルートに計画するためには、直管だけでなく、異形管を使って設計する必要があります。

異形管は管種ごとに様々な種類があるので、ここでは大きく、①流れの方向転換、②口径の異なるものとの接続、③流れの分岐または集合の用途、について見ていきます。また、管種によって管と管との接合方法、異形管はまちまちですから、基本的な三つの分類のみとします。

①流れの方向転換：曲管といわれるもので、流れをある角度に方向を変えるもので、一般的には45°、90°、180°の曲管があります。鋼管等は、外径をDとすると、1.0Dのショートエルボ、1.5Dのロングエルボがあり、外径の約4～5倍のベンドもあります。また、管種によっては、$5\frac{5}{8}$°、$11\frac{1}{4}$°、$22\frac{1}{2}$°といった曲管があります。

②口径の異なるものとの接続：片落管といわれるもので、口径の異なる管の接続をします。鋼管等はレジュサといいます。

鋼管等の片落管には、偏心した片落管もあります。また、片落管一つで口径が変えられない場合は、二つの片落管をつなぐ場合もあります。

③流れの分岐または集合：十字管四つの管を十字状に接続するために用い、母管と枝管が同じ口径と枝管が小さい口径のものがあります。鋼管等ではクロスといいます。

T字管は、母管と枝管が同じものと、枝管が小さい口径のものがあります。鋼管等ではティ、チーズといいます。

下水管には原則これらの異形管は使ってはいけませんので、マンホールがその役目を果たします。

小さな管のネジ継手として、ブッシング、ソケット、ユニオン、ニップルといった継手があります。

要点BOX

- ●流れの方向転換、口径の異なる管との接続、流れの分岐や集合と、三つの用途がある
- ●下水管では原則使われない

異形管の基本的な分類

❶ 流れの方向転換

曲管

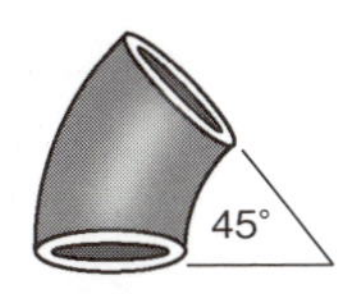

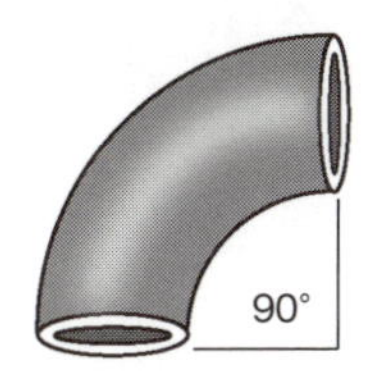

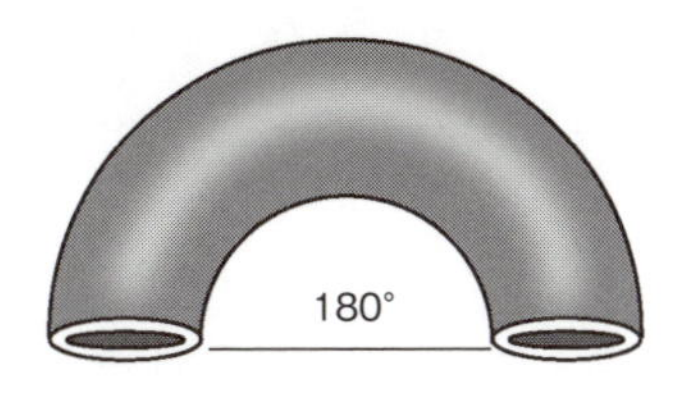

❷ 口径の異なるものとの接続

片落管

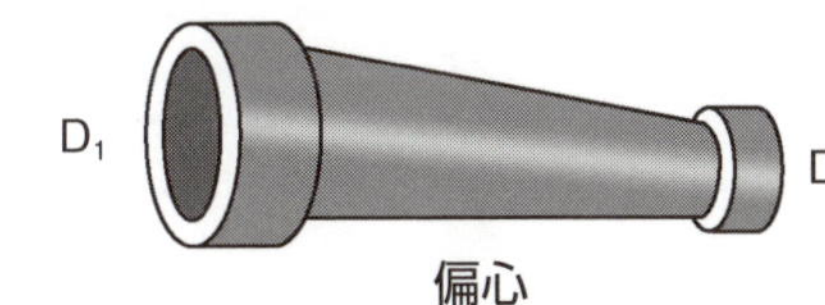

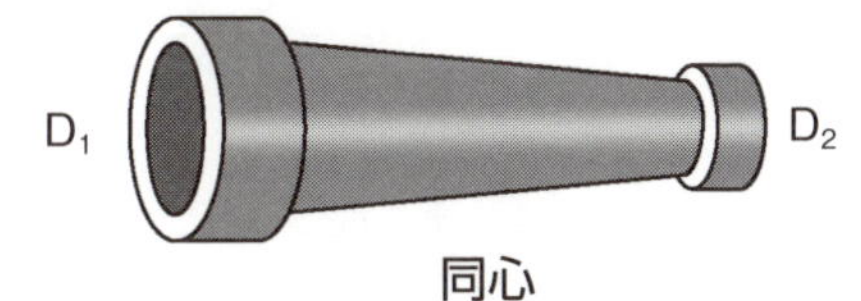

❸ 流れの分岐または集合

十字管

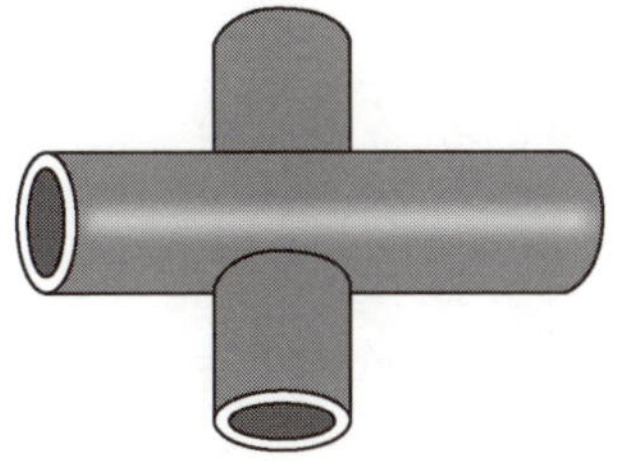

T字管

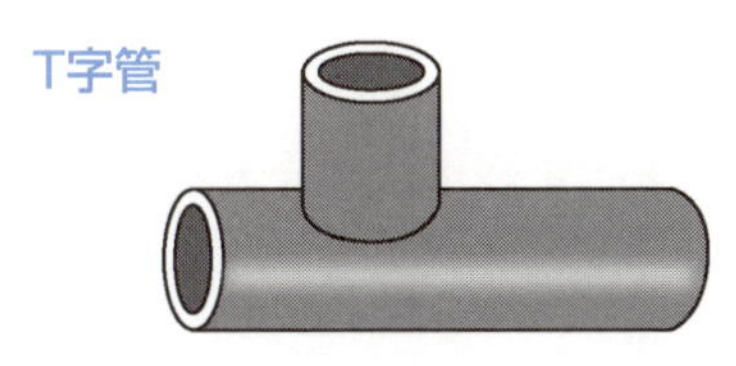

小さな管のネジ継手

ブッシング

径が違う外ネジと内ネジの接続に

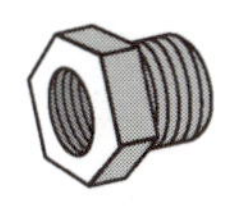

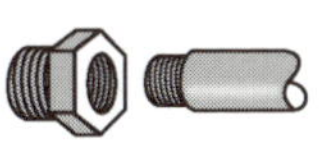

ソケット

外ネジ同士の接続に

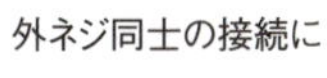
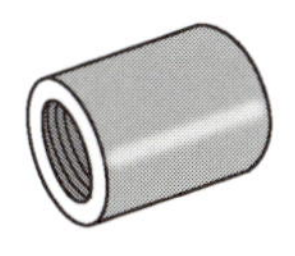

ユニオン

配管途中の外ネジ同士の接続に

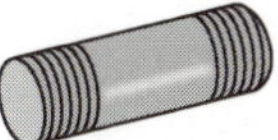

ニップル

内ネジ同士の接続に

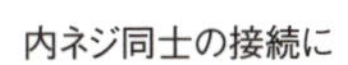
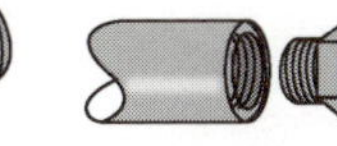
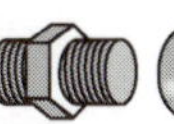

接合方式

管と管を接合する方法

ここでは、主に鉄管に用いられる接合方式について説明します。

●ねじ込み式：比較的低圧で、小口径の配管によく採用されている接続方式です。「おねじ」と「めねじ」の組み合わせで構成され、通常、ねじ先端の外径より終わりの部分の外径が大きくなったテーパーねじが使われます。

●ユニオン式：ユニオンナット（袋ナット）を回してユニオンネジと接続する小径管用の接合方式です。

●くい込み式：ナット、スリーブから構成され銅管の接続に使われます。銅管を差し込み、ナットを締め付けると、スリーブが差し込んだ銅管に圧着され、同時にカッテングエッジ部が管外周にくい込み接合します。

●フレア式：銅管の接合に使われます。銅管の先端を押し広げた（フレア）部分を、本体およびナットのシート面にナットを回して圧着します。取り付け・取り外しが簡単にでき、耐振動性に優れています。

●メカニカル式：機械的（メカニカル）な方法により、接続する管継手で、ゴム輪またはガスケットを押輪で締め付けて、挿し口と受口を密着させる接合方式をいいます。

●ハウジング式：接合する管の先端を予めグルーブ（転造溝）加工し、施工時にガスケットをはめ込み、分割されたハウジングで溝と溝を固定する継手です。

●突合せ溶接式：母材の溶接を行う部分に開先と呼ばれる溝を設け、この開先の中に溶着金属を溶かしこむとともに、母材の一部も溶け込ませて一体化します。

●差込み溶接式：小口径の配管に使用されます。ソケットに配管を差し込み、ソケットと管を隅肉溶接します。

要点BOX

●ねじ込み式、ユニオン式、くい込み式、フレア式、メカニカル式、ハウジング式、突合せ溶接式、差込み溶接式などがある

鉄管の接合方式

ねじ込み式

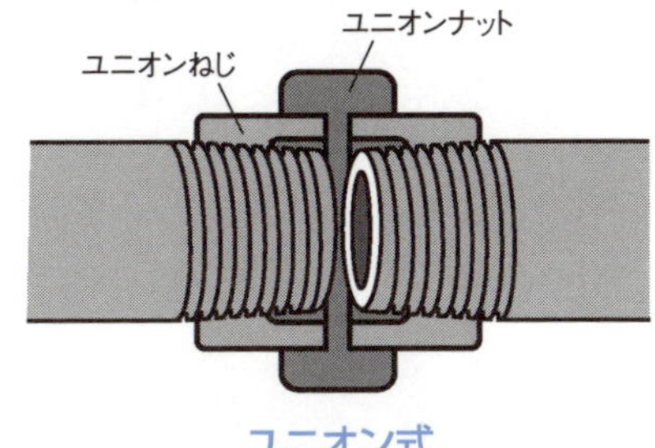

ユニオン式

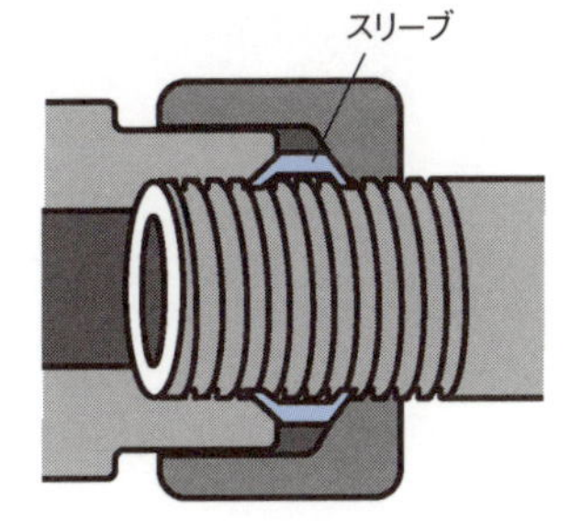

くい込み式

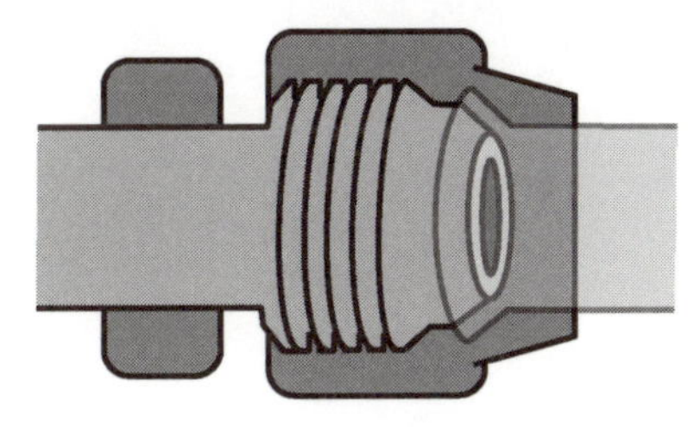

フレア式

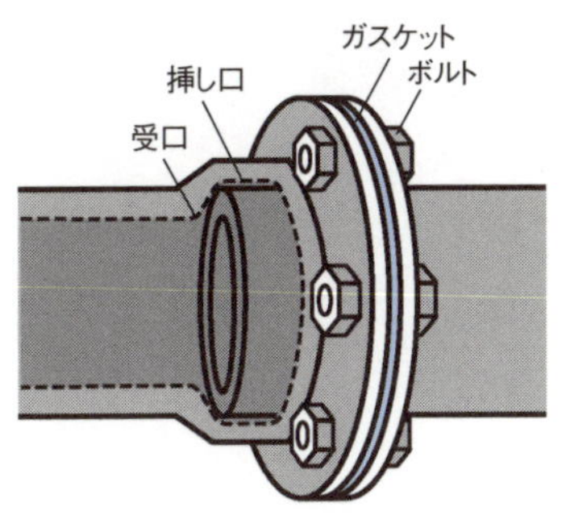

メカニカル式

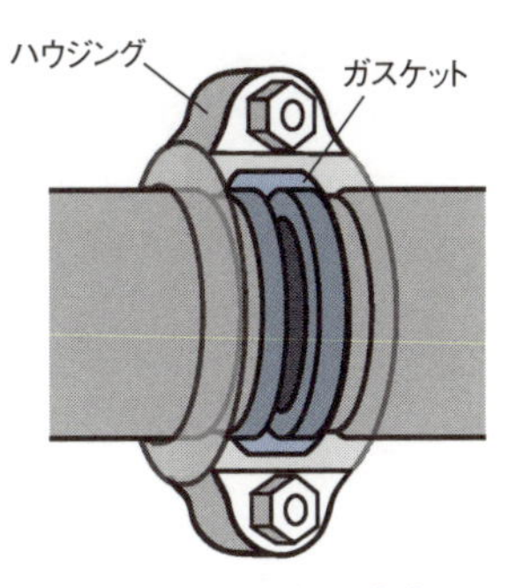

ハウジング式

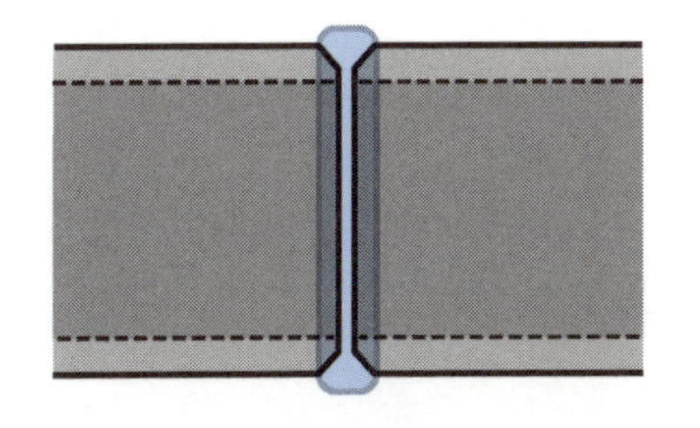

突合せ溶接式

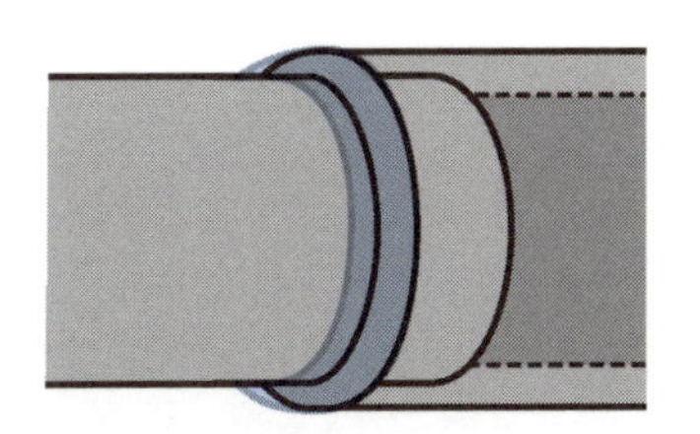

差込み溶接式

24 フランジ

フランジで締め付け、ガスケットで面圧する

フランジによる接続は、小口径から大口径、低圧から高圧まで広く使用されている接続方法です。フランジとは、管や機器の接続部に配管内径と同径の穴が開いた平板を取り付けたものをいい、フランジ同士をボルトで締め付け、フランジ間はガスケットの面圧でシールします。

まず、フランジ形状を見てみましょう。

●板フランジ：小口径・低圧の配管系に使用され、配管を差し込んで、フランジの上面と、フランジ内径の内側をそれぞれ隅肉溶接します。

●ハブフランジ：ハブをもつ管フランジで、ネジ込み式、差し込み溶接式があります。

●ネックフランジ：突合せ溶接ため、熱応力や振動などの外力に対する強度が強く、最も信頼のおけるフランジです。

●遊合形フランジ：ルーズフランジともいわれ、一般にはスタブエンドと呼ばれるつば状の配管継手と組み合わせて使用されます。

次にガスケット座について見てみましょう。

●全面座：フラットフェイスともいわれ、ガスケット座を全面に平面に仕上げたものをいい、記号はＦＦで表します。

●平面座：レイズドフェイスともいわれ、ボルト穴の内側に平らな座面を設けたものをいい、記号はＲＦで表します。

●リングジョイント座：フランジの接合面で、リングジョイントガスケットが入る溝を持つものをいい、記号はＲＪで表します。

●メール・フィール座：一対のフランジを接合面でオス（メール座）とメス（フィメール座）の形に作ったものをいい、ＭＦで表します。

●タングアンドグルーブ座：一対のフランジの接合面に、一方は凸部を設け、他方には溝を設けたものをいい、ＴＧで表します。

要点BOX

●管や機器の接続部に配管内径と同径の穴が開いた平板を取り付けたもの
●フランジ形状とガスケット座には数種類ある

フランジ形状の種類

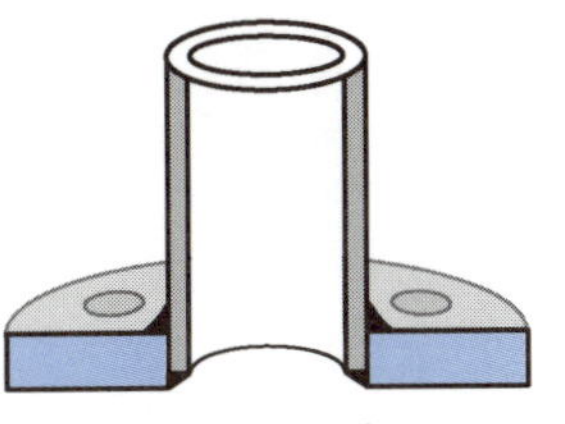
板フランジ

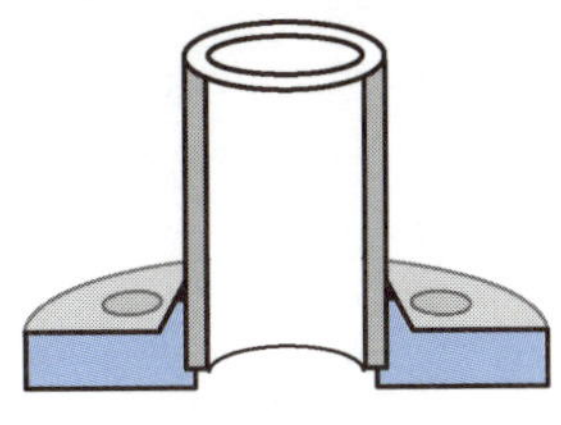
ハブフランジ

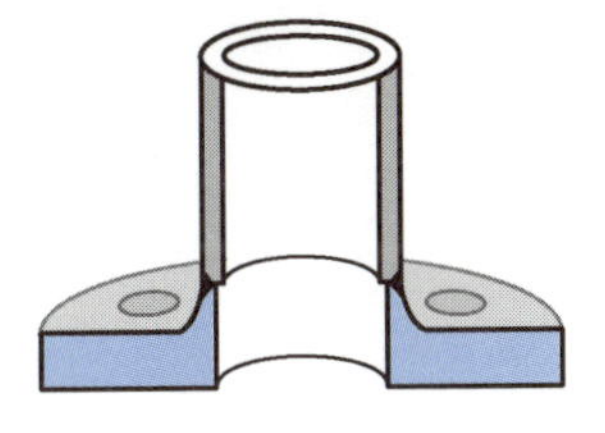
ネックフランジ

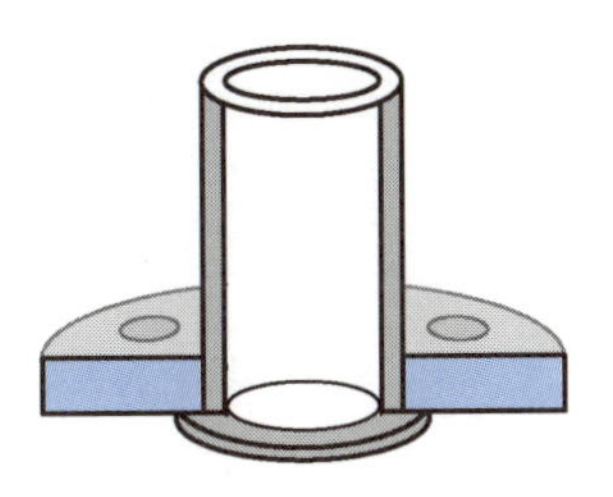
遊合形フランジ

ガスケット座の種類

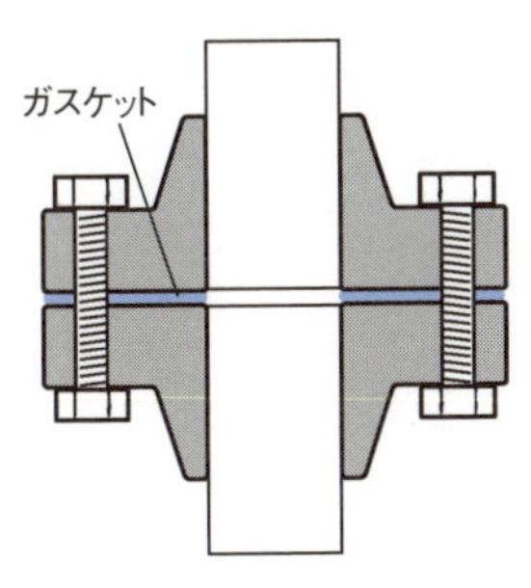

全面座

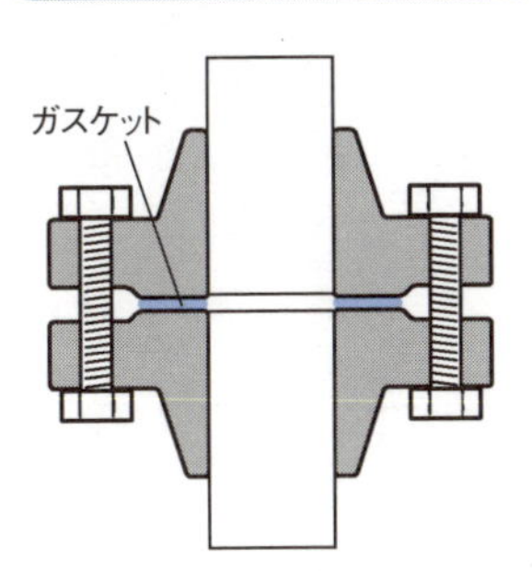

平面座

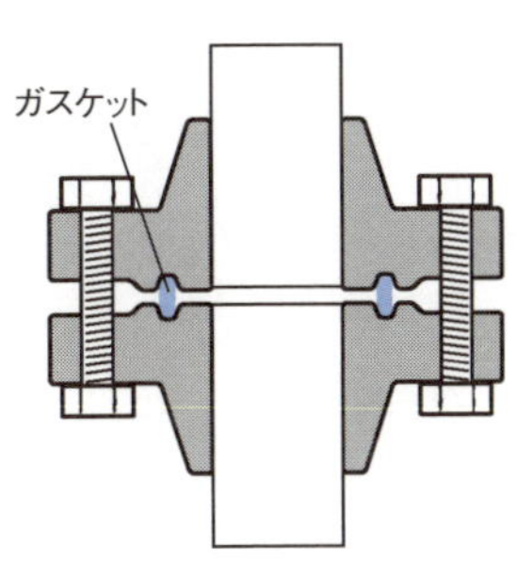

リングジョイント座

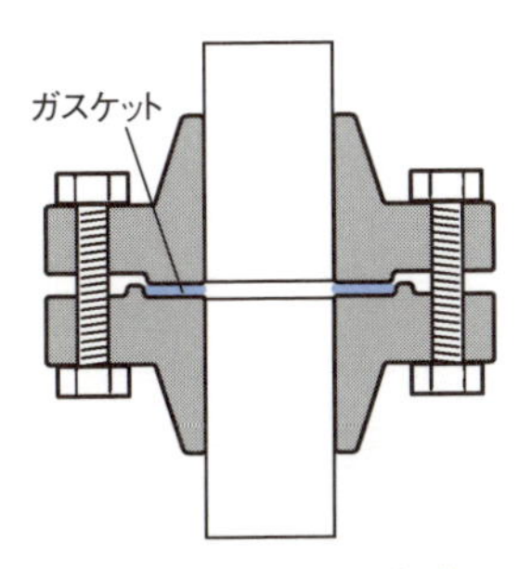

メール・フィーール座

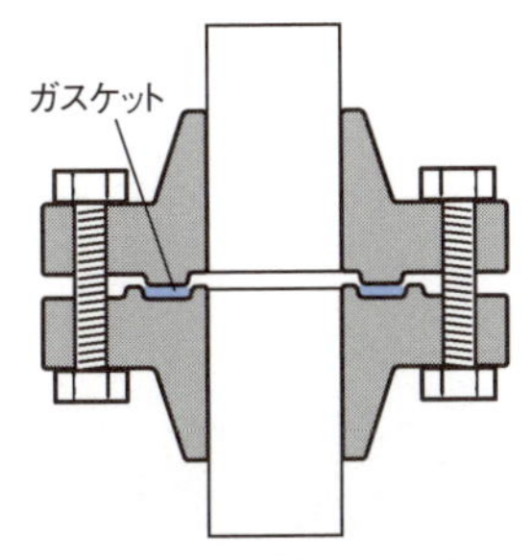

タングアンドグループ座

25 伸縮管

温度変化や地盤沈下・地震による伸縮吸収

伸縮管は、温度変化による伸縮、地盤の不等沈下、地震による地盤変位等を吸収し、管路に無理な力が作用するのを避けるために使用します。

具体的には、温度変化による伸縮については水管橋などの露出部は温度変化による管の伸縮が大きくなるため、伸縮管の挿入が必要となります。また、軟弱地盤や構造物の取り合い部など不等沈下のおそれがある箇所にも伸縮管を設ける必要があります。なお、溶接継手鋼管を布設する場合、バルブのメンテナンス等を考慮して必要に応じて伸縮管を挿入したほうがよい場合があります。この場合には、片圧による抜け出し防止対策が必要となります。

伸縮管は、管軸方向の伸縮と管軸方向の変位、場合によっては同時にひねりを受ける場合もあることから、設置位置の環境と要求される機能を満足する構造のものを選択する必要があります。

以下に主だった伸縮管を挙げてみます。

●二重管構造摺動型：管軸方向の伸縮を吸収し、曲げや偏心の角変位、ヒンジ等の回転を拘束するものがなければ360度回転することが可能です。

●フランジアダプター型：機器の取り外し、取り付けが容易になるため、バルブ・ポンプ・弁体や流量計等と本管との接続に調整管として使用します。また、施工後の管の伸縮吸収や免震の機能もあります。

●ベローズ型：ベローズは薄いステンレスの円筒を蛇腹状に成形したもので、低圧配管の管軸方向の伸縮と管軸直角方向の変位を吸収できます。

●ユニバーサル式ベローズ形：2個のベローズをタイロッドボルトで結ぶことにより、内圧推力を拘束し、管軸直角方向の変位を吸収させます。

●ジンバル式：ジンバルアーム、ピン、ジンバルリングが取り付けられ、全方向の角変位を吸収します。

●ヒンジ式：ヒンジアームとピンが取り付けられ、一方向の角変位を吸収します。

●露出部の温度変化や不等沈下による伸縮に対応
●伸縮だけでなく曲げやひねりにも対応した構造が要求される

伸縮管の基本的性能

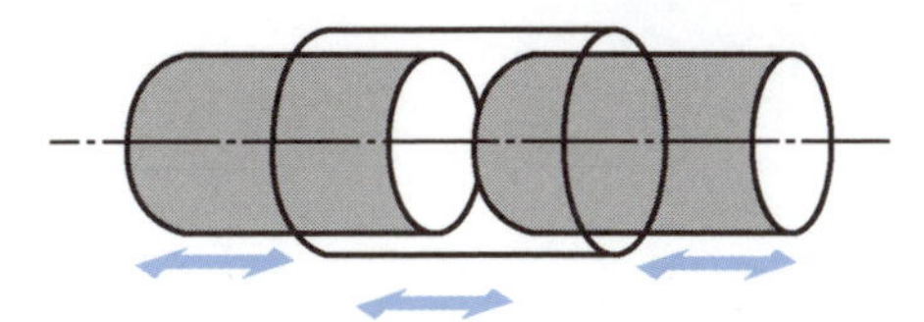

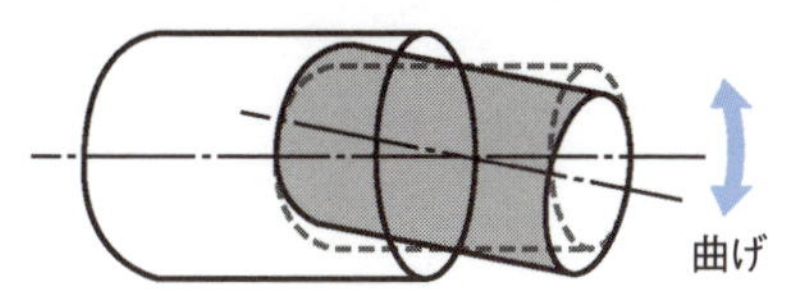

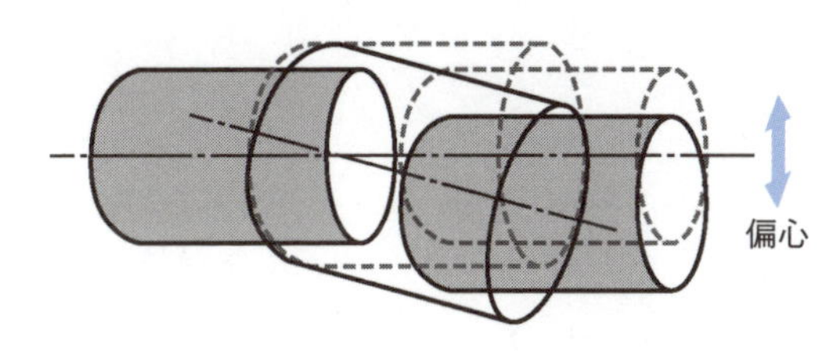

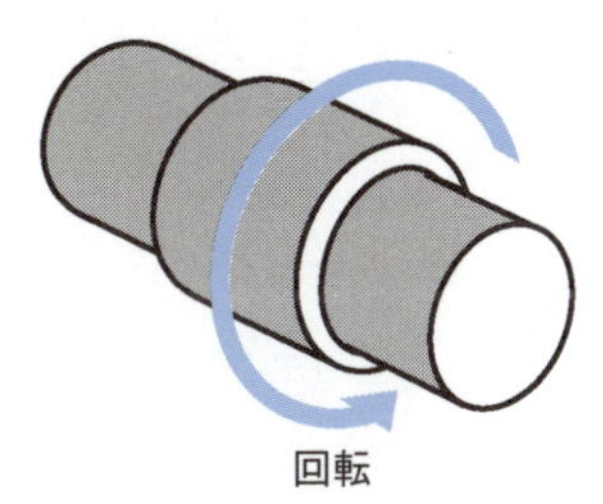

色々な伸縮管

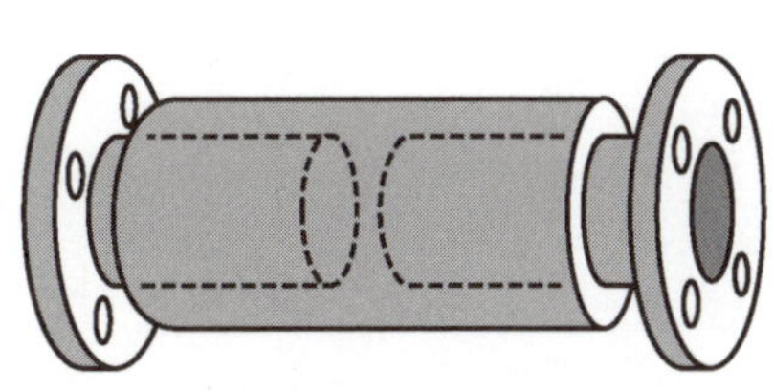
二重管構造摺動型

フランジアダプター型

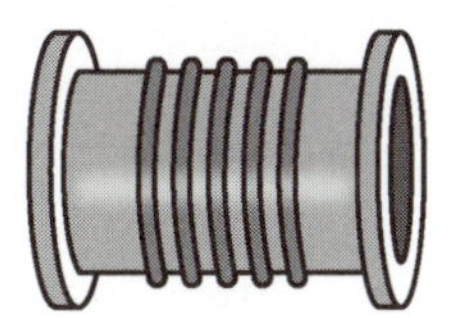
ベローズ型

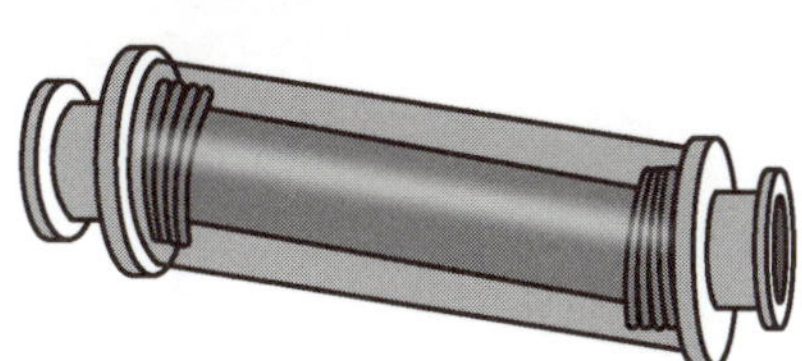
ユニバーサル式ベローズ形

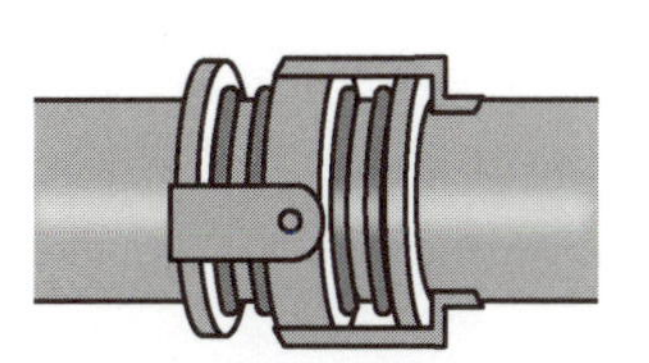
ジンバル式

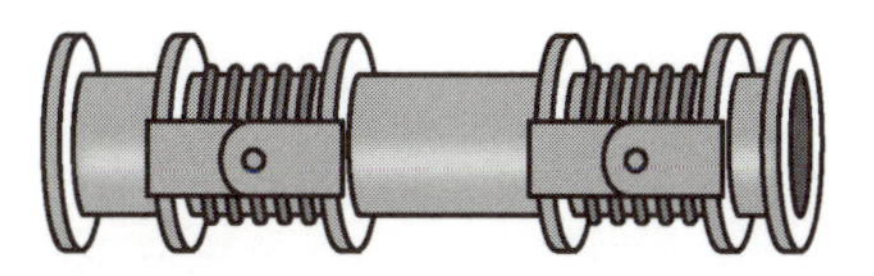
ヒンジ式

Column

磁石につくステンレスとつかないステンレス

イギリス軍の委託で小銃や大砲の地金開発をしていたH・ブレアリーは、できそこない素材をスクラップ置き場に捨てるときに、錆びていない鉄片をスクラップの山から見つけました。それはクロムを13％以上含んだ合金でした。それを刃物メーカーの協力を得て食卓用のナイフに試作して、1915年にステンレスの愛称をつけて特許をとったのがステンレスの始まりです。

ところで、磁石につくステンレスとつかないステンレスがあるのを知っていますか？ ステンレスの金属組織上の分類では大きく5系統（オーステナイト、マルテンサイト、フェライト、二相、析出硬化）に分けられますが、このうち磁石につかないのはオーステナイト系ステンレスのみです。ただし、オーステナイト系ステンレスでも冷間加工の際にわずかに磁性を持つものもあります。

ひと昔前に、磁石に付くステンレスは錆びやすいとか、低級品という風にいわれた時代がありましたが、磁石につくつかないことと、耐食性とには直接関係はありません。

ハリーブレアリー（1871～1948年）

水道管調査

26 管内調査作業の安全対策

酸素欠乏症等防止規則の遵守

管内の劣化や損傷状況を把握して、効率的な補修・更生・部分改築を行うことは、管路の延命につながる大切な作業です。

管内の調査作業を行う場合の安全管理については、酸素欠乏症等防止規則を遵守して、次の事項の対策を講じる必要があります。

①安全教育：実践的な訓練や硫化水素中毒・酸素欠乏事故などを視覚的に体験できる講習等を定期的に実施して、リスク管理の意識や危機に対しての対応能力を高めることが重要となります。

②安全管理体制：酸素欠乏作業主任者（有資格者）を調査現場に必ず立ち会ってもらい、作業員を指揮できるように専念させる必要があります。

③作業計画の策定：事前に危険に関する情報収集を行い、これに基づいて、硫化水素中毒や酸素欠乏症の防止を考慮した作業計画を策定します。

④現場での安全点検：作業を開始する前に、必要な機器の設置状況、動作状況の確認をします。また、安全管理が確実にできるように作業点検表により確認します。

⑤ガス濃度測定：作業前に酸素濃度（18％以上）と硫化水素濃度（10ppm以下）を測定し、安全を確認して管内に入ります。特に硫化水素の発生や酸素欠乏となることが予想される場所では、常時測定器を携帯して、安全を確認しながら作業を進める必要があります。左図に硫化水素と酸素欠乏の場合の人体の反応について記載しましたので、参考としてください。

⑥換気：硫化水素の発生や酸素欠乏が予想される場所では作業員の作業が完了して、作業員が地上に出るまで換気を継続します。

⑦保護具：転落のおそれがある場所では安全帯を使用します。

⑧監視人の配置：監視人を配置し、常に地上と連絡できるようにします。

要点BOX

●損傷状況の把握と補修･更生・部分改築を行う
●調査作業を行う際には硫化水素中毒や酸素欠乏事故などのリスク管理が必要

硫化水素中毒

H_2S 0.025〜10ppm
卵の腐った臭い
安全限界

H_2S 10〜50ppm
臭気の慣れでそれ以上の
強さを感じなくなる

H_2S 50〜300ppm
砂が目に入った感じ
痛みの増強

H_2S 300〜600ppm
気道粘膜の灼熱的な痛み
生命の危険

H_2S 600ppm以上
呼吸停止
死亡

酸素欠乏と人体への影響

安全限界だが
連続換気が
必要

呼吸・脈拍の
増加、頭痛、
悪心、吐き気

めまい、吐き気、
筋力低下、体
重支持不能で
墜落（死につな
がる）

顔面蒼白、意
識不明、嘔吐
（吐物が気道
閉塞で窒息
死）

失神昏倒、7
〜8分以内
に死亡

瞬時に昏倒、
呼吸停止、け
いれん、6分
で死亡

27 目視調査

目視によって管の傷み具合等を調査

目視調査については、下水管の目視調査についてお話しします。目視調査とは、人が下水管の中に入って、目視によって管の傷み具合等を調査することです。目視調査は、内径800㎜未満の管きょの調査と内径800㎜以上潜行目視調査があります。なお、ここに記載した内容は一般的な内容ですので、実際の調査に当たっては、発注仕様書に基づいて行ってください。

●内径800㎜未満の管きょの調査

この調査では、管きょ内には人が入れないので、マンホールに調査員が入り、鏡等による管きょ内の目視を行い、見える範囲で管きょの状態を把握します。スパン中央部での劣化状況を定量的に把握することは難しいですが、管きょの破損、沈下、土砂の流入・堆積、継手の脱却、段差、侵入水の有無等を定性的に調査して、重大事故につながる危険性を把握することができます。

●内径800㎜以上の管きょの調査

潜行目視調査は、内径800㎜以上の管きょについて行い、調査員は目視によりその異常個所を把握します。ただし、流量の多い場合や酸欠、有毒ガス発生の危険性が予想される場合など、調査員が管きょ内に入ることができない場合は、大型のテレビカメラによって調査することもあります。

調査方法について、調査員は原則として上流から下流に移動しながら調査を行います。

異常個所を発見した場合、発生場所の位置、異常個所の寸法、異常内容等を明記した黒板を入れて写真撮影を行います。

写真撮影は、異常個所以外に、管口写真のほか、10m程度の間隔で行います。また、取付管がある場合も写真撮影を行います。取付管が閉塞されている場合は、その内容を記載します。

管きょ内で発見された汚泥、モルタル等の堆積物については、報告書に記載します。

要点BOX

- ●内径800㎜未満の鏡などによる調査と内径800㎜以上の調査員による調査がある
- ●異常発見の際は写真撮影を行う

下水管の目視調査

内径800mm未満の目視調査

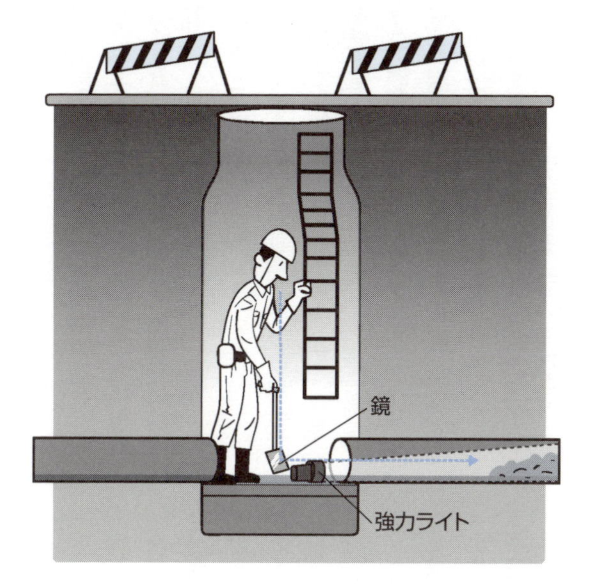

内径800mm以上の目視調査

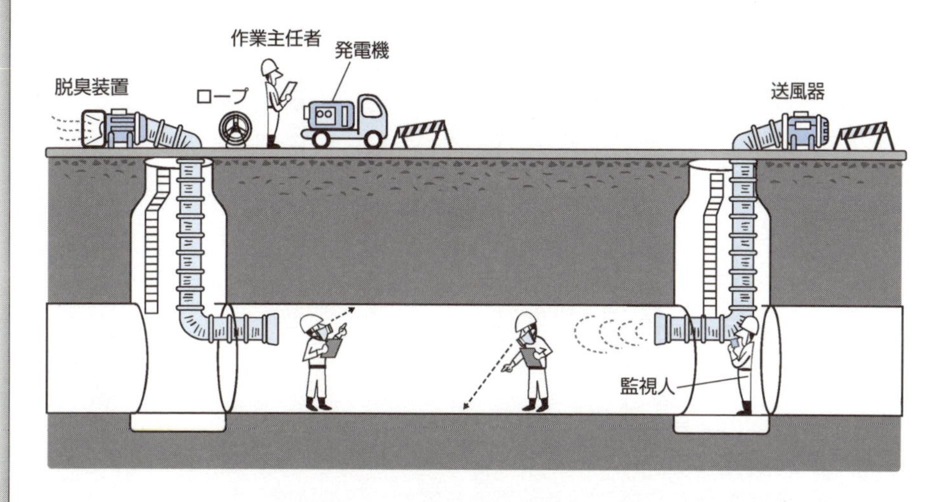

28 テレビカメラ調査

流量が多い場合やガス等で人が入れない時の調査

テレビカメラ調査は、内径800㎜以下の管きょや内径800㎜以上の管きょであっても流量が多い場合やガス等で調査員が管きょ内に入れない場合に採用する工法です。

●管口テレビカメラ調査

ガス発生等でマンホール内に調査員が入れない場合や、調査速度の向上と調査費の低減を図るため、早期に不良個所を発見するために行います。

●テレビカメラ調査

テレビカメラ調査の前には管内を洗浄、清掃し、調査方向はテレビカメラが自走しやすいように、また、レンズに水しぶきがかからないように上流側マンホールから下流側マンホールに向かって行うのが望ましいです。

テレビカメラ調査は、従来アナログ方式テレビカメラを使って調査が行われていました。しかし、アナログ方式テレビカメラでは、次のような問題点がありました。

①調査員の個人差（熟練・経験）により、調査結果にバラツキが生じやすい
②現場調査に長時間を要する（側視に時間がかかる）
③画像の解像度が低く、細かい損傷を見逃す
④必要情報の検索に時間がかかる（ビデオ）
⑤動画情報のみでは全体の損傷情報が把握しづらい

以上の問題点を解決するために開発されたテレビカメラが、ミラー方式テレビカメラシステムです。

ミラー方式テレビカメラシステムとは、テレビカメラの先端に配置された特殊な曲面ミラー（主鏡と副鏡）と主鏡の背後に設置したカメラにより構成されています。下水道管きょ内を直進するだけで、管路壁面全体（360度）の詳細な映像を取得することができます。

これにより、管きょ内の状況がより詳細に把握でき補修箇所等の発見に効果を発揮します。

要点BOX

- ●テレビカメラを自走させる際には洗浄、清掃が必要
- ●管路全体を見渡せるミラー方式カメラも登場

管口テレビカメラ調査

アナログ方式テレビカメラ

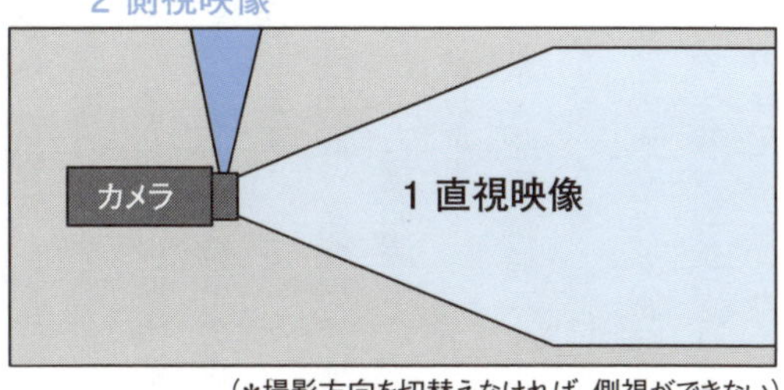

(＊撮影方向を切替えなければ、側視ができない)

(出典：「東京都下水道局資料」より)

ミラー方式テレビカメラシステム

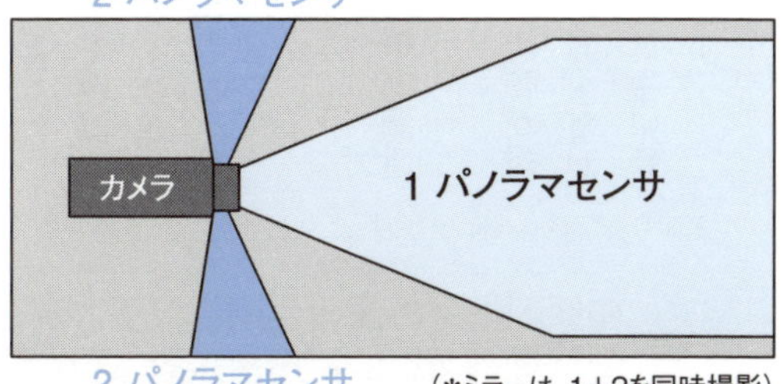

(＊ミラーは、1+2を同時撮影)

(出典：「東京都下水道局資料」より)

29 不明水調査

下水道に流入する侵入水の調査

不明水とは、分流式下水道の汚水施設に流入する侵入水のことです。不明水は、雨天時侵入水、地下水侵入水および、その他不明水（上水道からの漏水の流入、農業用排水の侵入等）があります。

下水道が建設から維持管理の時代、さらにアセットマネジメントの時代へと移り行く中で、30年以上前に指摘された問題ですが、未だに解決されていません。

不明水の原因把握の調査手順は、左図のように、流域全体の調査から、大、中、小のブロックへ絞り込みを行います。このそれぞれの段階において、複数の手法がありますが、調査目的や期間、費用等を勘案した手法を選択する必要があります。この手法の中で、事例ベースモデリング技術とは、気象庁等のレーダーの雨量情報と下水処理場・ポンプ場の日報・幹線流量データを2～3年分収集し、それをもとにいろいろなシミュレーション等を通して雨天時侵入水が発生する確率が高い区域を絞り出す方法です。

ある程度絞り込みができたら、詳細調査に移ります。詳細調査には次のような調査があります。

●誤接合調査：宅地排水や路面排水などを汚水管へ誤って接合している箇所を特定する調査です。この調査は、音響法と染色散水法があります。音響法は、ハンマー等で一方を叩き、もう一方でその音を確認します。また、染色散水法は、着色した水を上流から流して、下流で確その着色した水が流れてくるかを確認します。

●送煙調査：送煙調査は、下水管内に煙を送り込み、地表にでた煙の漏出によって、下水管内の損傷個所を特定します。

●注水・圧気試験：注水試験は、主に既設管が対象となり、本管・取付管に水を貯め、その漏水量から管路の水密性を試験します。圧気試験は主に新管と更生管が対象で注水試験より経済的です。

そのほかにテレビカメラ調査もあります。

要点BOX
- ●原因把握の調査手順は絞り込みで行う
- ●詳細調査には誤接合調査、送煙調査、注水・圧気試験などがある

原因把握に向けた調査手順

流域・処理場区等の全体調査

大ブロックへの絞り込み（数百ha規模）

中ブロックへの絞り込み（20～30ha規模）

小ブロックへの絞り込み（2～5ha規模）

雨天時侵入水の原因把握

事例ベースモデリング技術

●ブロック別流量調査
●雨天時侵入水分布調査

●雨天時探査
●深夜流量分布調査

●詳細調査
（誤接合調査、視覚調査、水密生調査、補足調査）

（出典：公益財団法人 日本下水道新技術推進機構 資料より）

誤接合調査（音響法、染色散水法）

誤接合調査（音響法、染色散水法）

送煙検査

圧気検査

30 漏水調査（その1）

音による給水管の水漏れの発見

水道メーターから敷地内のいわゆる宅地内での給水管の水漏れは、すべての蛇口を閉めて、その状態で「パイロット針」が回っていたら、水漏れの可能性があります。

給水管の漏水の発見は、他の方法として水道メーター部で作業を行う「時間積分式漏水発見器」、や「音聴棒」による方法があります。

ここでは漏水音を利用した方法についてお話します。

●時間積分式漏水発見器

漏水が継続性を持つ性質を利用して、漏水の有無を確認する装置です。この機械は、車の通過音などの影響を受けにくいです。自動判別の作業には熟練を要しません。

●音聴棒

音聴棒の先端を給水装置（バルブ、給水栓、消火栓、止水栓、量水器など）に当て、人間の耳のみで音聴して、異常音を調査します。この音聴棒は、漏水箇所を特定するものではなく、漏水音確認のため行います。人の聴力に左右され、個人差が生じます。

●電子音聴棒

音聴棒では捕らえられないような低いレベルの漏水音を電子回路で数十倍に増幅して、聞きやすくしたものです。

●漏水探知器

この探知器は、路面にピックアップセンサを置いて、漏水音を捕らえるものです。漏水箇所が近いほど漏水音が大きいことにより、漏水箇所を特定します。

●相関式漏水探知器

この探知器は、管路を伝播してくる漏水音を二つのセンサでとらえ、漏水点から各センサまで伝播する漏水音の時間差から漏水点を算出するものです。

漏水箇所が特定できたら、漏水箇所の確認としてハンマードリルで路面に直径20㎜ほどの穴をあけ、漏水音を確認します。

●音聴棒を使って人の耳で聞く
●探知機を使って漏水個所を特定する

水道メーターでの確認方法

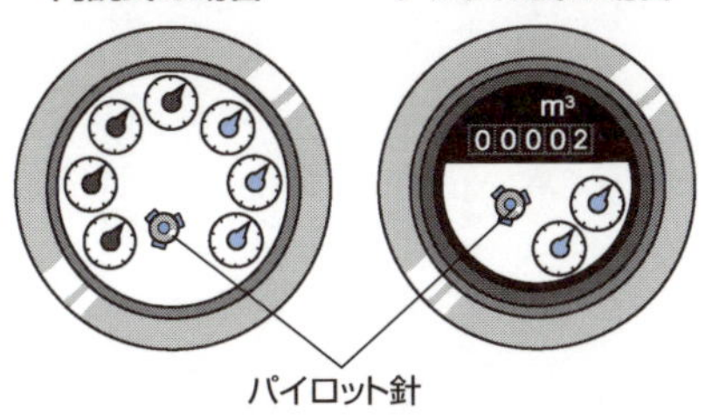

すべての蛇口を閉めて「パイロット針」が回っていたら水漏れの可能性

漏水音による漏水調査の方法

音聴棒

時間積分式漏水発見器

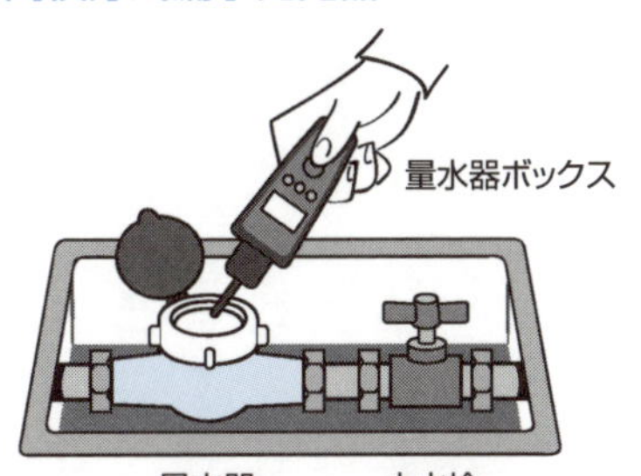

漏水探知器

電子音聴棒

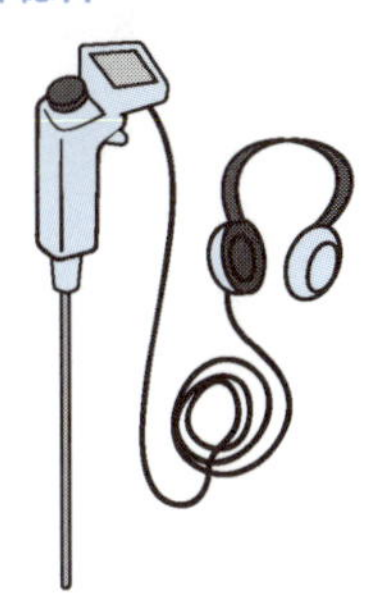

相関式漏水探知器

31 漏水調査（その2）

ガス、空気圧、水圧、レーダ等を使う

ここでは、漏水音以外での漏水調査について見てみましょう。

●トレーサーガス調査

埋設された給・配水管の区画量水器や消火栓から管内にヘリウムを注入して、破損個所から外部に漏れるヘリウムを地表面で吸引して、漏水箇所を特定します。破損個所より漏洩したヘリウムは、土砂やアスファルトを透過するという特性を利用した工法です。

●空気圧漏洩調査

コンプレッサー等を用いて、埋設された配水管の区画量水器や消火栓、空気弁等から空気を管内に送気して、管内圧力の低下の有無を観察し、漏洩区間を判断します。

●水圧漏洩調査

これは、前述の空気圧縮漏洩調査の空気の代わりに、水を使って漏洩調査を行います。コンプレッサーの代わりに加圧ポンプを使用して、試験水圧は設計水圧以下とします。

●テストバンド調査

呼び径800㎜以上の管路について、管路の水圧試験の実施が困難な場合に、管の内面から継手部について、テストバンドを継手ごとに試験水圧を所定時間負荷して、漏水の確認を行います。

●地中レーダによる調査

地中レーダは、地中に向けて連続的に投射された電磁波が、空気中と地中などを通過する場合に、通過する物質により速度差ができ、埋設管や地下空洞等の電気的性質の異なる物体に到達すると、その境界において反射する性質を利用したものです。その反射波を受信処理して、映像信号化することで、モニタに地中の断面画像を表示します。

地中レーダによる調査は熟練が必要で、三次元でデータを分析しなければなりません。漏水の有無を調査するため、地下水の高いところでは調査できません。

要点BOX

●コンプレッサーなどを使って空気や水を送りこんで圧力低下を見る
●地中レーザを使った調査には熟練が必要

トレーサーガス調査

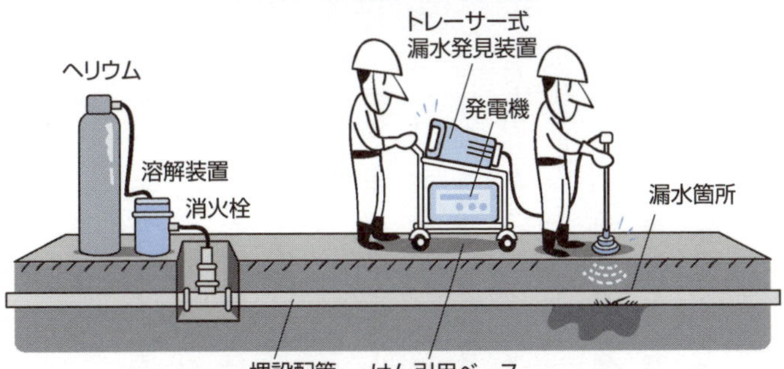

空気圧漏洩調査、水圧漏洩調査

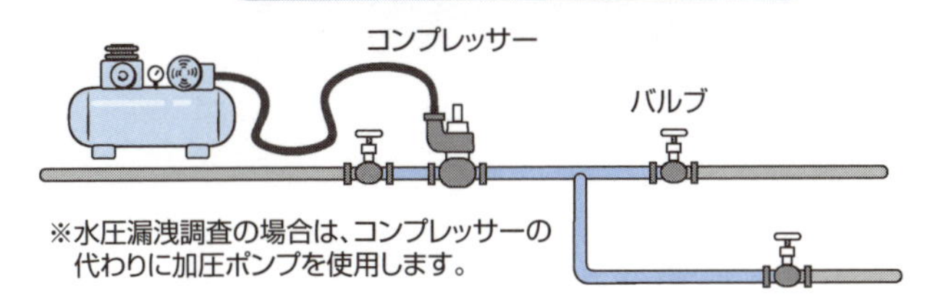

※水圧漏洩調査の場合は、コンプレッサーの代わりに加圧ポンプを使用します。

テストバンド調査

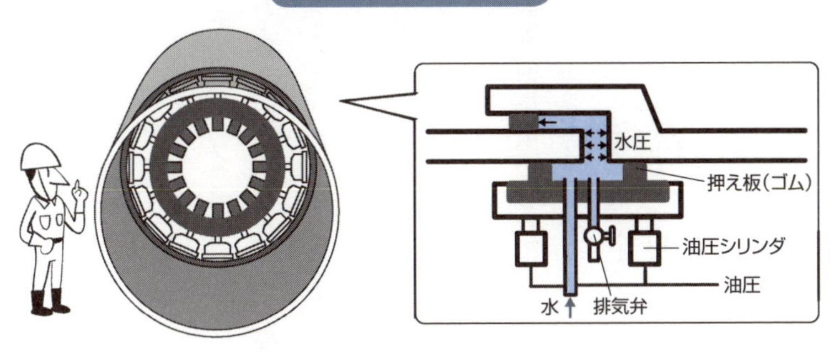

地中レーダによる調査

32 検査ピグ

長距離配管をくまなく検査

ピグ検査とは、砲弾の形をしたピグが、配管内を流体とともに走行して、配管内外面に発生している腐食、変形、変位などの検査を行うことです。

長距離でかつ地中や海底に布設されている部分が多い配管を、全線にわたり検査できる工法として、検査ピグは有効な手法といえます。

検査ピグには、腐食検査、変形検査、割れ検査、温度・圧力検査、漏洩位置検査、内面観察などを目的としたものがありますが、ここでは腐食検査ピグについて紹介します。

腐食検査ピグは、配管の内面及び外面の腐食を検査するピグです。超音波ピグや漏洩磁束ピグなど、検出原理の違いにより数種類のピグが実用化されています。超音波ピグは、複数の超音波センサによって配管全線の内径および残肉厚を計測するピグで、主として液体配管の検査に使用されます。

検査ピグを使用した配管の一般的な検査手順は次の通りです。

①仮設工事：検査ピグを走行させるには、ピグを配管に装填および発射するランチャー、受け取りおよび取り出しを行うレシーバ、走行用の流体ポンプなどが必要となります。ランチャーおよびレシーバ廻りの配管例を図上に示します。このような設備がない場合は、架設設備の設置を行います。

②クリーニングピグ工事：配管の中の錆、スラッジなどの汚れを事前に排出するために、クリーニングピグによる管内クリーニングを行います。

③プロファイルピグ工事：検査ピグが配管内を通過できるかの確認をするため、プロファイルピグを走行させます。

④検査ピグ工事：上記工事で問題がないことを確認した後、検査ピグを走行させます。走行後、ピグ内に搭載された検査データを回収して、腐食の位置、大きさ、深さなどの確認を行います。

要点BOX
●検出原理の違いにより数種類の検査ピグがある
●管内クリーニングにもピグを使う

ランチャーおよびレシーバ廻りの配管例

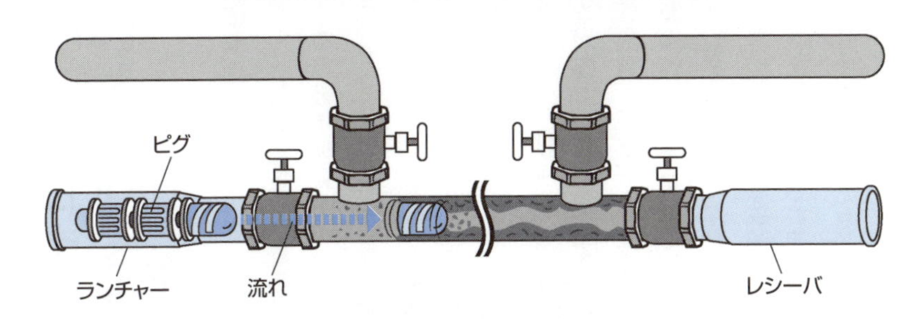

クリーニングピグ

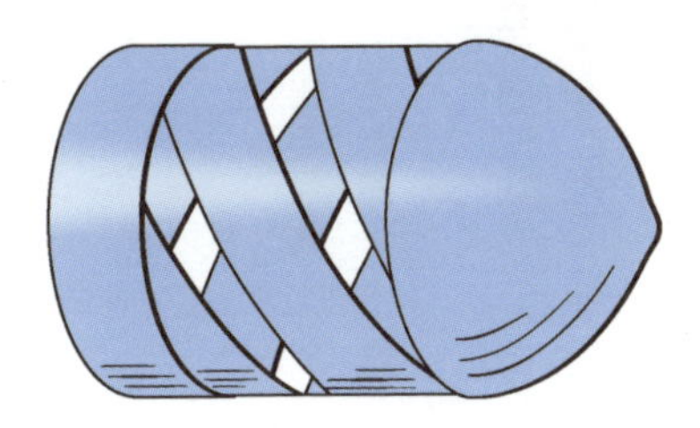

ポリウレタンピグ

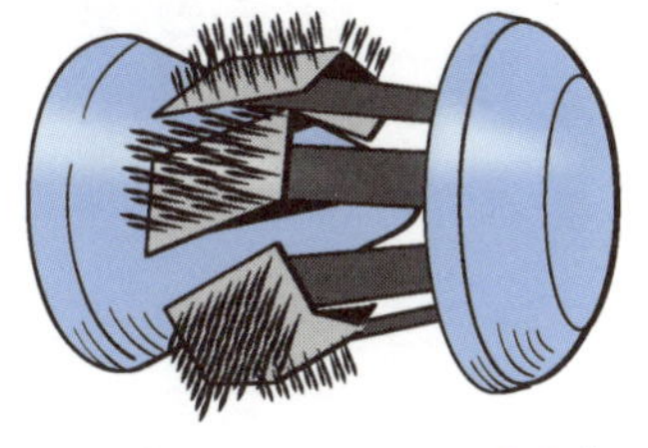

ブラシクリーニングピグ

プロファイルピグ

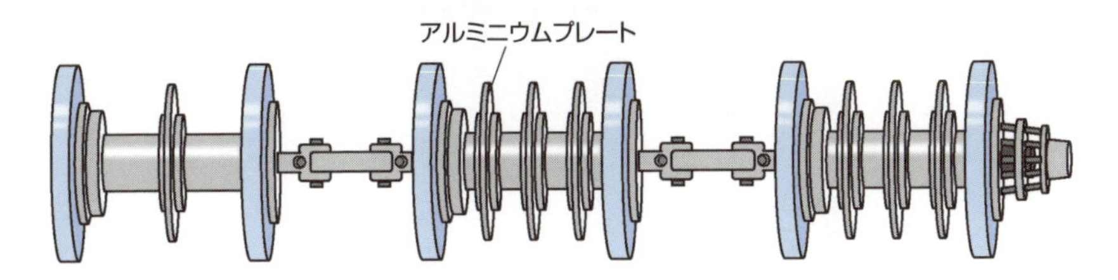

超音波ピグ

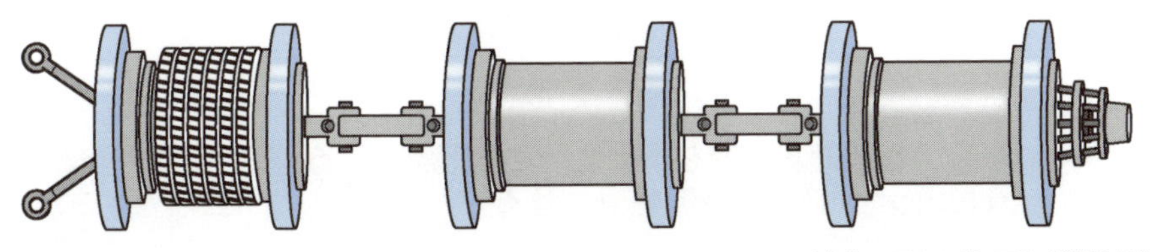

（出典：JFEエンジニアリング資料より）

33 衝撃弾性波による調査

振動計測による非破壊検査

衝撃弾性波による検査とは、管に軽い衝撃を与えることにより対象物を振動させ、その振動を計測・解析する非破壊検査手法です。

クラック等が生じた管は鈍い音、すなわち周波数の低い音がします。この音の状態を数値化することで劣化を検出します。ひび等の劣化がある場合は、低周波の部分が増えます。

このようなデータを収集して、劣化の種類、箇所、程度を計測し、これらのデータに基づいて改築・修繕の優先順位、工法等を決定することができます。

衝撃弾性波による調査は、テレビカメラでは確認ができない管内の腐食や摩耗による減厚、破損、クラックなどを衝撃弾性波を利用して非破壊で瞬時に測定できる調査システムです。機械の目により診断結果を数値化するため、だれでも同じ結果が得られます。

実際の調査では、ロボットが下水管内を動きながらハンマーで管を直接叩き、管を伝わった振動の波形をセンサがキャッチします。この計測データの解析を実施して、劣化判定を行います。

前述のように、下水管が腐食して厚さが薄くなったり、ひび割れしている場合には、正常な管に比べて振動の波形の大きさや長さなどが特徴的に変わるため、定量的な判断ができます。

この衝撃弾性波の技術的なポイントは以下が挙げられます。

①目視で判定不可能なもの（付着物に隠れたクラック、外面の劣化）も判定可能

②管1本ごとの定量数値化（仮想破壊荷重、仮想管厚、管の健全度、安全度）し、客観的な判定が可能

③管を叩くだけなので、管を傷つけない

④画像展開カメラによるスクリーニング調査と衝撃弾性波調査を組み合わせることにより、さらに効率的かつ高精度な調査が可能

要点BOX

- ●軽い衝撃で水道管を振動させて解析調査する
- ●ロボットがハンマーで振動させる

調査・診断イメージ

（出典：「管路品質評価システム（PQEST）協会資料より」）

34 残存肉厚の調査

管内厚および付着物の検査

管路の減肉の調査としては、次のような調査があります。

●超音波減肉調査

超音波減肉調査は、上図のように管の外面にセンサをあて、管に人間の耳では聞くことのできないほどの超音波を入れます。

超音波は管壁を伝わり、裏面で反射されてセンサに戻ってきます。

超音波減肉計では、超音波を電気エネルギーに変換し、往復の伝播時間を測定し、厚さを表します。

錆こぶ付着部は、鋼と錆こぶ付着部の境界面の音響の大きな違いにより、その境界面より反射して、残存肉厚だけを測定します。

超音波減肉調査は、通水状態で測定ができますが、錆の厚み等は測れません。

●X線撮影調査

X線撮影調査とは、試験体の片側から放射線を照射し、反対側にセットしたX線フィルムに試験体の内部を投影させることにより評価を行います。

X線写真は、その透過度によって、フィルム上に白黒濃淡の影像を映し出します。

フィルム上の影像は、実際より拡大されるため、管肉厚や付着物などの測定は、図下に記載している計算式により算出します。

X線撮影調査は、通水状態で測定できますが、人体に有害なX線を使用するため、立ち入り禁止区域を設ける必要があります。

●抜管検査

抜管検査は、既存配管の一部を抜き取ることによって、実際の管内表面の腐食やつまりなどを肉眼で確認することができます。

抜管した配管は、水流方向に二つに割り観察し、サンドブラストで除錆し、塩酸で表面処理をして観察して、マイクロメーターで残存肉厚を測定します。

要点BOX
- ●超音波による検査ではセンサを使う
- ●X線撮影調査は通水状態で測定できる

超音波減肉調査

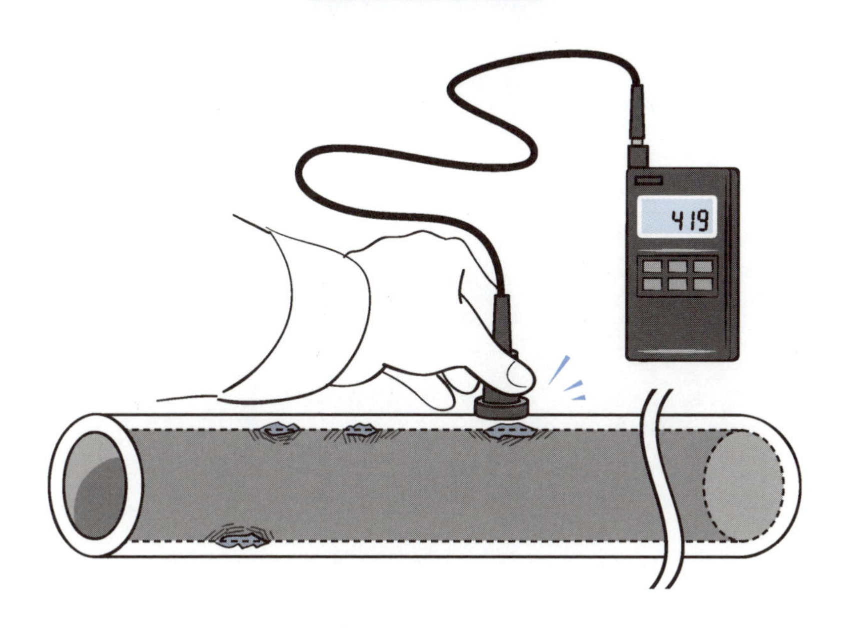

X線撮影調査

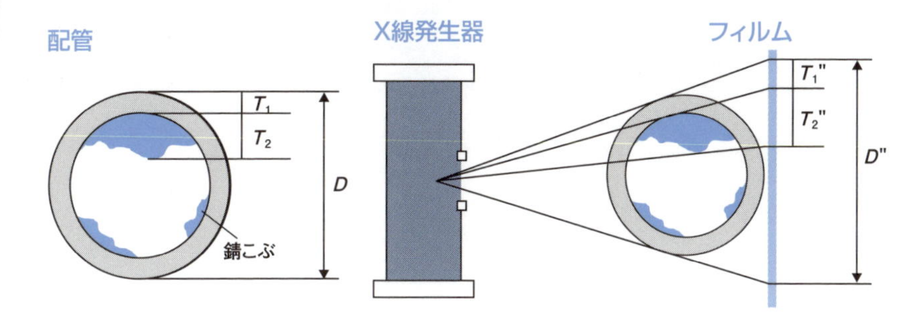

管肉厚及び付着物の高さを求める計算式

$$T_1\ (T_2) = \frac{D}{D''} \times T_1''\ (T_2'')$$

D　：新管の管外径（JIS）　T_1''：フィルム上の管肉厚
D''　：フィルム上の管外径　T_2''：フィルム上の付着物高さ

（出典：（有）ユネットHPより）

Column

ダウジング

ダウジングとは、木や針金、振り子などを用いて、地下水や貴金属の鉱脈など隠れたものを探す行為のことをいいます。

ダウジングをする人は、ダウザーと呼ばれ、歩きながら、分岐した枝や針金、振り子などを使用して探します。ダウザーには、このような器具を使わず、地図をダウジングすることで、地下水や鉱脈を見つけることができる人もいるそうです。

もっとも一般的なダウジングとしては、針金をL字型に曲げたL字ロッドがあります。

埋設されて地上からの位置がわからない水道管は、鉄管探知器で埋設位置を特定しますが、ある水道業者さんは水道管路を探す時の裏技として、L字ロッドを使っているとのことです。ちゃんと地磁気の原理を応用したもので、補助的な方法として使っているとのことでした。

なんだか山師になったような、ロマンがある調査方法だと思いませんか?

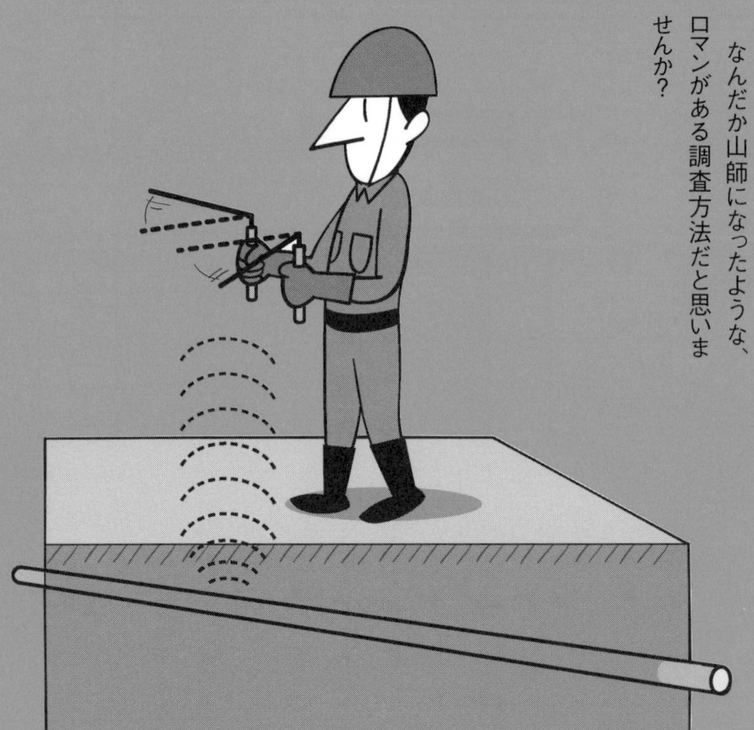

第4章 水道管の設計

35 水道管設計の基礎知識

水頭と水圧

●**水の重さ**

1気圧の水の密度は、3.98℃で最大となります。温度によって水の密度は異なるのです。温度と密度の関係を表1に示します。

水の密度ρは、**表1**のように温度によって異なりますが、一般の計算では$\rho = 1{,}000kg/m^3$（$1t/m^3$）として計算します。

単位体積重量は、①となります。

なお、単位についてはSI単位系と工学単位系を参考にしてください。

●**水圧**

水圧の単位はPa（パスカル）で表されますが、これを長さと力の単位で表すと②となります。

1Paの水の圧力の大きさは、面積$1m^2$に1N（ニュートン）の力が作用した大きさです。

水深10mの底面の水圧を考えてみると、底面には底面の上の水の重力がかかるので、③となります。

すなわち、水圧98.1kPaということは、10mの高さまで水を押し上げることができる圧力ということになります。

●**水頭**

水に頭があるわけではありません。水圧がかかっている管に穴をあければ、水が噴き出します。この穴にガラス管を取り付けて、立ち上がる水柱の高さを計れば、その位置での水圧の大きさを表すことができます。このような水が持つエネルギーを高さの単位で表現したものを「水頭」（Head、ヘッド）といいます。

水頭とは、単位体積重量当たりの水の持つエネルギーで、長さの単位で表したものであり、位置水頭、速度水頭、圧力水頭の3種類があります。

水圧0.1MPa（100kPa）での圧力水頭を、③式により実際に求めてみます。

このことから、水圧0.1MPaの水は水頭10.2mであることがわかります。

●水圧は水を押し上げる圧力
●水頭は水の持つエネルギーの高さ

水流を表す基本単位

表1　水の密度および単位体積重量

温度(℃)	0	4	10	15	20	30
密度 ρ(kg/m^3)	999.84	999.97	999.70	999.10	998.20	995.65
単位体積重量 W(kN/m^3)	9.808	9.810	9.807	9.801	9.792	9.767

$W=\rho g$……①

$=1{,}000\text{kg/m}^3\times 9.81\text{m/s}^2=9{,}810\text{N/m}^3=9.81\text{kN/m}^3$

（重力加速度$g=9.81\text{m/s}^2$としています）

$1\text{Pa}=1\text{N/m}^2$ ……②

水圧＝底面の水柱の重量÷底面積……③

$=1\text{m}\times 1\text{m}\times 10\text{m}\times 9.81\text{kN/m}^3\div 1\text{m}^2$

$=98.1\text{kN/m}^2$

$=98.1\text{kPa}(0.0981\text{MPa})$

図1

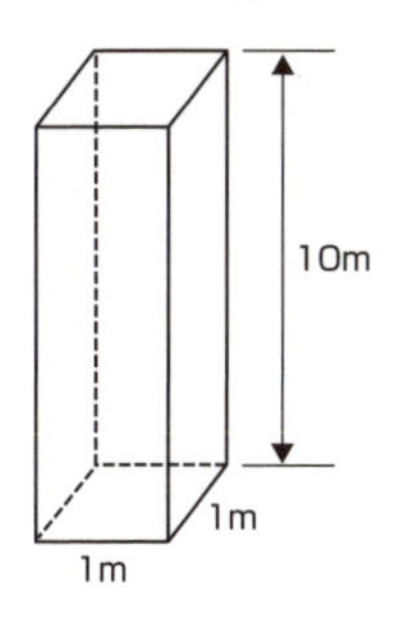

図2

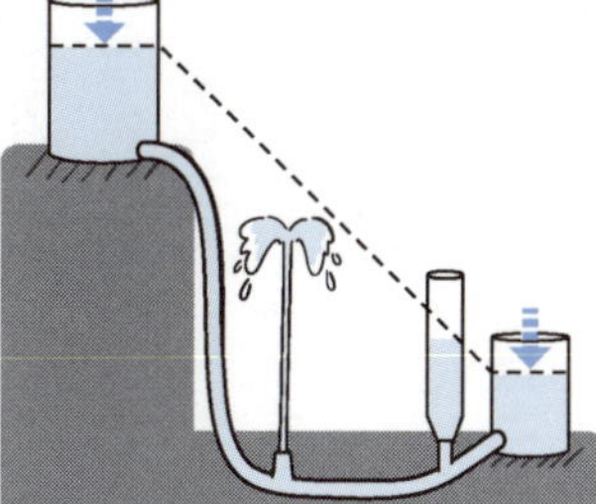

圧力水頭＝この水の圧力÷水の単位体積重量……③

$=0.1\text{MPa}\div 9.81\text{kN/m}^3$

$=0.1\times 10^6\text{Pa}\div(9.81\times 10^3\text{N/m}^3)$

$=10.2\text{m}$

表2　水頭と水圧

水圧 MPa(kPa)	0.01 (10)	0.05 (50)	0.1 (100)	0.2 (200)	0.3 (300)
水頭(m)	1.02	5.10	10.2	20.4	30.6

36 SI単位系と工学単位系

ここでは力学で使う単位系についてのお話しをします。SI単位系とは国際単位系のことで、世界中で使われています。力学で使う基本単位は、質量（kg）、長さ(m)、時間(s(秒))の三つです。

また、それ以外の単位は、この基本単位を組み合わせて作ることができ、それを組立単位といいます。

長さにメートルという単位が基本単位としてあるので、面積は平方メートル（m^2）、体積は立法メートル（m^3）となります。

また、速度は単位時間当たりに移動した距離で表されて、移動した距離を時間で割ってやると、速さ(m/s)がでます。これは、メートル毎秒と読みます。

加速度は、1秒間に速度がどれだけ速くなったか遅くなったかを表します。つまり加速度が大きいとは、同じ時間に速くなったことで、加速度が小さいとは遅くなったことを表します。ですから、単位時間当たりの速度変化量ですから、速度を時間で割ってやればでます（m/s^2）。この単位の読み方は、メートル毎秒毎秒です。

力は1kgのものにある力を作用させて、m/s^2に加速する力を基準としています。ですから、質量に加速度をかけます。（1kg・m/s^2）これはキログラムメートル毎秒毎秒と読みますが、長いのでNと書いてニュートンとしました。

また、圧力の単位としてPa（パスカル）があります。他のSI単位で表すとN/m^2となります。

次は、工学単位系を見てみましょう。長さと時間の単位は同じですが、SI単位系と異なることは、SI単位系の質量が工学単位系では力となっていることです。単位はkgfと書いて、キログラム重と読みます。1kgfとは1kgの物体が地球上受ける重力をいいます。つまり質量mは重力加速度をかけたものです。つまり、1kgfとは質量1kgのものに重力加速度をかけたもので、9.81kg・m/s^2となり、9.81Nとなります。

力学で使う単位

要点BOX

●力学で使う単位は質量、長さ、時間の三つとその組立単位
●SI単位系の質量は工学単位系では力

SI単位系（国際単位系）基本単位

力学で使う基本単位 ⇒
- 質量　kg
- 長さ　m
- 時間　s（秒）

組立単位……基本単位を組み合わせる

- 面積（m^2）　長さ × 長さ
- 体積（m^3）　長さ × 長さ × 長さ
- 速度（m/s）　単位時間当たりに移動した距離

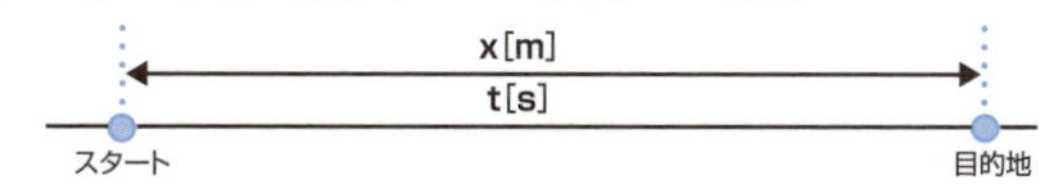

- 加速度　単位時間当たりの速度変化量
  m/s ÷ s　　m/s^2

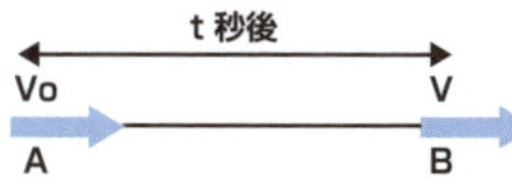

- 力 ＝ 質量 × 加速度　　←運動方程式
  $1N = 1kg \cdot m/s^2$
- 圧力
  $1Pa = 1N/m^2$

SI 単位系の質量が工学単位系では力になっているんだ

工学単位系

力学で使う基本単位 ⇒
- 力　kgf
- 長さ　m
- 時間　s（秒）

1kgf ＝ 質量1kgの物体が地球上で受ける重力
質量m × 重力加速度（$g = 9.81m/s^2$）
$g = 9.80665 \fallingdotseq 9.81\ m/s^2$
$1kgf = 1kg \times 9.81\ m/s^2 = 9.81kgm/s^2 = 9.81N$

	工学単位系	SI単位系
力	1kgf	9.81N
圧力	$1kgf/cm^2 = 10tf/m^2$	$98.1kN/m^2 = 98.1kPa = 0.0981MPa$
	$1tf/m^2$	$9.81kN/m^2 = 9.81kPa = 0.00981MPa$
単位体積重量	$1gf/cm^3 = 1tf/m^3$	$9.81kN/m^3$

37 流速と流量

管の大きさと流速で流量を決める基本式

水は高いところから低いほうに、また、圧力の大きいほうから小さいほうに向かって移動するのを「流れ」といっています。この水の流れは、条件の違いにより、さまざまに変化します。

たとえば、同じ管路の流れでも、上水道のような圧力を持った流れと、下水管のように自然流下の流れは異なります。

ここでは、管に水が充満して流れる管水路についての流速と流量のお話しをします。

水の流れる断面積を流水断面積または流積といい、Aで表します。管の内径をDとすると、流積は内径の面積ですから①となります。（円の面積は半径を使った公式を習ったと思いますが、直径を使うとこのようになります）

水の流れる断面の水に接する内壁面に接する部分の長さSを潤辺といい②となります。流積を潤辺の長さで割ったものを径深といい、Rで表します。径深Rは③となり満管で流れる場合の径深は$D/4$となります。流水抵抗は壁面との摩擦によって発生するので、潤辺の影響が入った径深が代表長さとして用いられるのです。

流積内のある点を通る水粒子の速度をその点における流速といいます。流速はふつう流積内の各点で異なりますが、一般には、流積内の平均流速vを用います。（流量計算において、平均流速のことを、単に流速と呼びます）

また、ある時間内（通常は1秒）に流積を通過する水の量を流量といい、Qで表します。

流積A、流速v、流量Qの関係は、④式となります。単位としては流積には、m^2、cm^2、流速にはm／秒、cm／秒、流量ではt／秒、m^3／秒などが用いられますが、単位をそろえることに注意が必要です。

④の式が管の大きさと流量と流速の基本式だと理解してください。とても大切な基本の式です。

要点BOX
- ●水の流れは条件の違いで変化する
- ●流積Aと流速vと流量Qの関係式

流量と流積の測り方

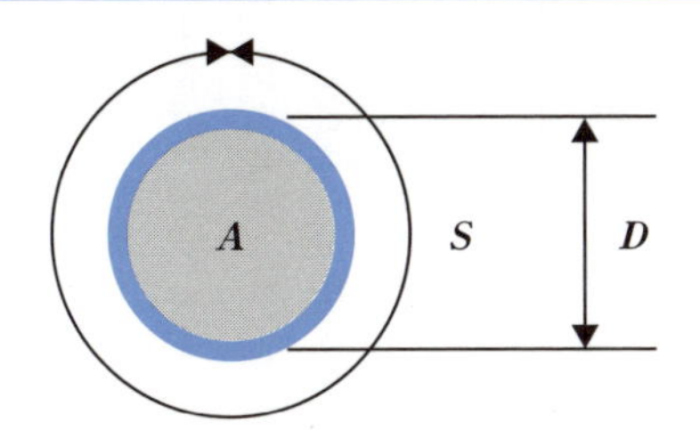

流積 $A = \dfrac{\pi D^2}{4}$ ……①

潤辺 $S = \pi D$ ……②

径深 $R = \dfrac{A}{S} = \dfrac{\pi D^2}{4} \times \dfrac{1}{\pi D} = \dfrac{D}{4}$ ……③

流速と平均流速

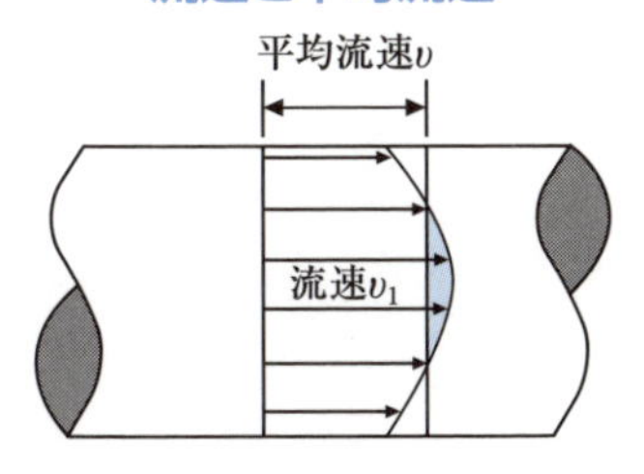

流速と流量

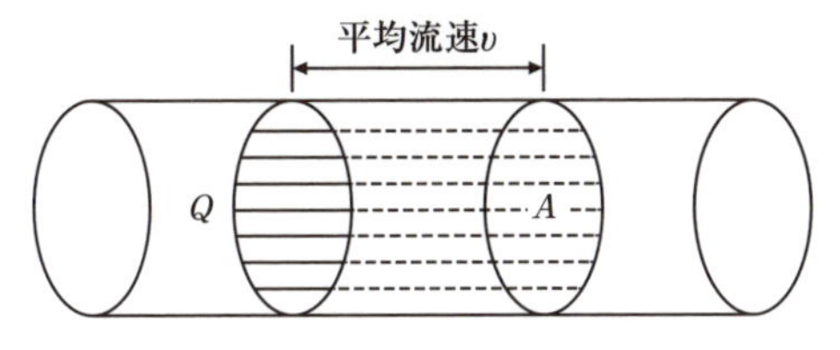

流量と流積と流速の関係

$Q = A\upsilon$ ……④

$\upsilon = \dfrac{Q}{A}$

$A = \dfrac{Q}{\upsilon}$

Q：流量
A：流積
υ：流速

38 流れの種類

層流、乱流とレイノルズ数

水の流れは、時間や場所で変わる場合が多いです。

定常流とは、流量が時間によって変化しない流れをいいます。非定常流とは、時間の経過とともに流量が変化する流れをいいます。

次に、流れを場所的にみて、定常流の一つの流れに注目するとき、流積・断面形状や流速がどの断面においても一定であるような流れを等流といい、場所によってこれらがかわる流れを不等流といいます。

等流は、管水路においては、断面の形状、管径が一定で、水路が直線の場合に生じる流れで、開水路においては水路勾配・断面形状が一様な場合に生じます。したがって、現実にはこのような流れは存在しないといえますが、流積・勾配・流速の変化の少ない区間については、等流として近似的に取り扱ってさしつかえない場合が多いです。

次に、水の流れを水粒子の配列の状態によって考えてみましょう。

層流とは水粒子が水路の軸線と平行に層状をなして整然とした流れをいいます。乱流とは水粒子が入り乱れる状態の流れをいいます。

層流と乱流は、レイノルズ数***Re***という無次元（単位がない）の数値によって判定することができます。

レイノルズ数は、①式で求められます。

層流から乱流へ、また乱流から層流へ移るときのレイノズル数を限界レイノズル数といい、一定値ではなく、多くの実験結果を総合すると、②となります。

レイノルズ数が等しければ、流れが相似といえるので、模型実験を行う場合、レイノルズ数を同じにして実験を行います。この式の分子は慣性力の度合いを示しており、分母は粘性力の度合いを示しています。

例えば、50km/hで走行する自動車の周りの空気の流れを、1/2の大きさの模型を使った風洞実験で再現した場合には風速を2倍、すなわち100km/hとすればよいことがわかります。

要点BOX

●水の流れには流量で見た種類と水粒子で見た種類がある

●層流と乱流はレイノルズ数で判定する

水の流れの種類とレイノルズ数

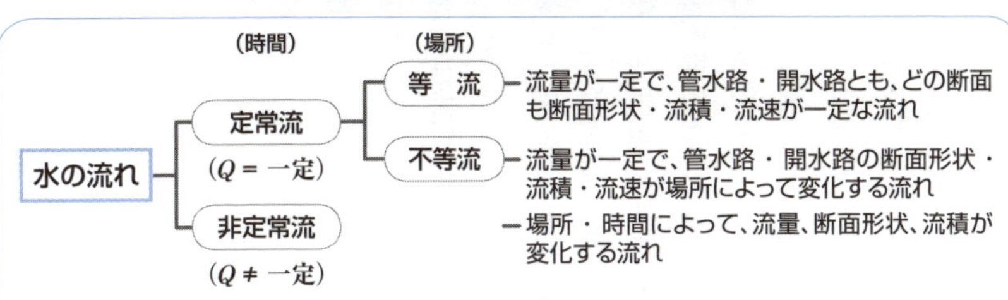

層流と乱流

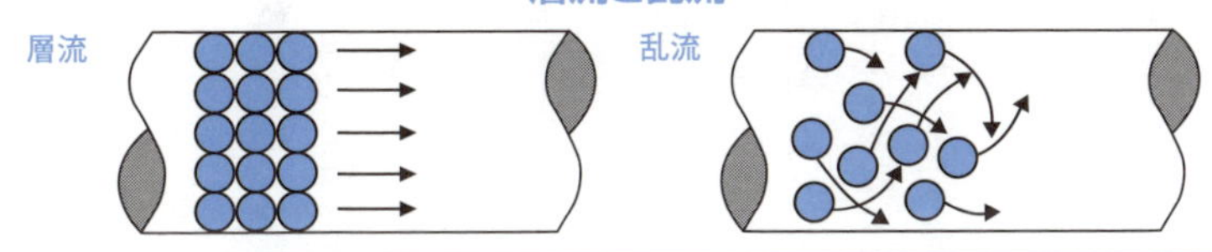

（一般形） $Re = \dfrac{4Rv}{\nu}$　（円管） $Re = \dfrac{Dv}{\nu}$ ………①

R：径深[m]，v：断面の平均流速[m/s]，D：管の内径[m]，ν：水の動粘性係数[m²/s]

水の粘性係数と動粘性係数の温度変化

温度 [℃]	粘性係数μ [10^{-3} Pa・s]	動粘性係数ν [10^{-6} m²/s]
0	1.792	1.792
5	1.519	1.519
10	1.307	1.307
15	1.138	1.139
20	1.002	1.004
25	0.8902	0.8928
30	0.7973	0.8008
40	0.6527	0.6578
50	0.5471	0.5537

（出典：「JIS Z 8803」による）

$Re \leqq 2000$のときは、層流

$2000 < Re < 4000$のときは、
層流にも乱流にもなり得る過渡状態
………②

$4000 \leqq Re$のときは、乱流

レイノルズ数が等しい→流れが相似（大局的な流れのパターンが一致）

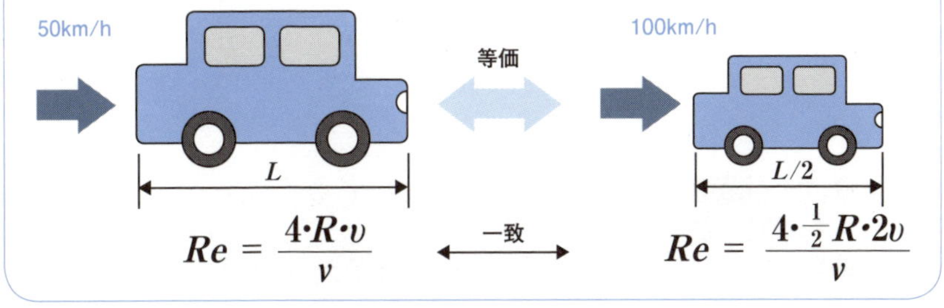

$Re = \dfrac{4 \cdot R \cdot v}{\nu}$ ⟷ 一致 ⟷ $Re = \dfrac{4 \cdot \frac{1}{2} R \cdot 2v}{\nu}$

39 連続の式

連続の式は管路設計を行ううえで大変重要な式

定常流の流れで、水粒子の動いていく経路を流線といいます。図上のように一つの閉じた曲線を考えて、この曲線上の各点を通る流線を書くと、流線で囲まれた仮想の管ができます。これを流管といいます。

水粒子は常に流線に沿って移動して、他の流線を横切って流れたりしません。このようなことから、流管は常に一定の形を保ち、側面からの水の出入りはなく、一つの管水路と同様に考えることができます。

図中、流管内の任意の断面をA_1、A_2として、それらの各断面の平均流速をv_1、v_2とすれば、2断面間は管壁からの水の出入りがないから一定不変です（質量保存の法則）。

つまり、流量はどの断面においても同じであることから①式が成り立ちます。この①式を連続の式といいます。

また、この式から、同一流量のもとでは断面積の大きいところでは、流れはゆるやかであり、断面積の小さいところでは流れは速くなることがわかると思います。

わかりやすい例では、ホースから出る水を遠くまで飛ばすためにホースの口を手でつまみ、口を細くして水をまいていませんか?

つまり、一定の流量が流れていれば、元の断面A_1より先端の断面A_2を小さくすれば、①式よりv_1よりv_2のほうが大きくなり、流速が速くなるので、遠くまで水が飛ぶのです。

この連続の式は、管路の設計を行ううえで、大変重要な式です。

連続の式を用いることで、A_1、A_2、v_1、v_2のうち三つがわかれば、残りの一つを求めることができます。

連続の式とは、流体における質量保存の法則を表した式のことで、空間中のなにもないところから勝手に流体が湧き出して出現したり、吸い込まれて消えてしまうようなことはないことを表しています。

要点BOX

- 同一流量のもとで断面積の小さなところでは流れは速くなる
- 管路断面での流速の変化はホースの水まきでわかる

流線と流管

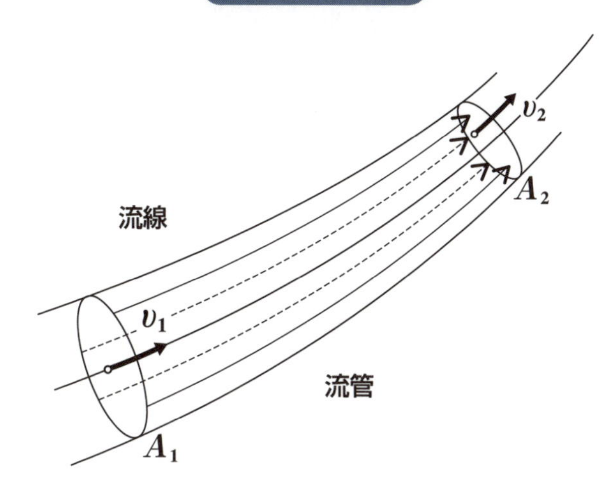

$$
\left.\begin{aligned} A_1 v_1 &= A_2 v_2 \\ Av &= Q = 一定 \end{aligned}\right\} \cdots\cdots\cdots ①
$$

管路の断面と水の勢い

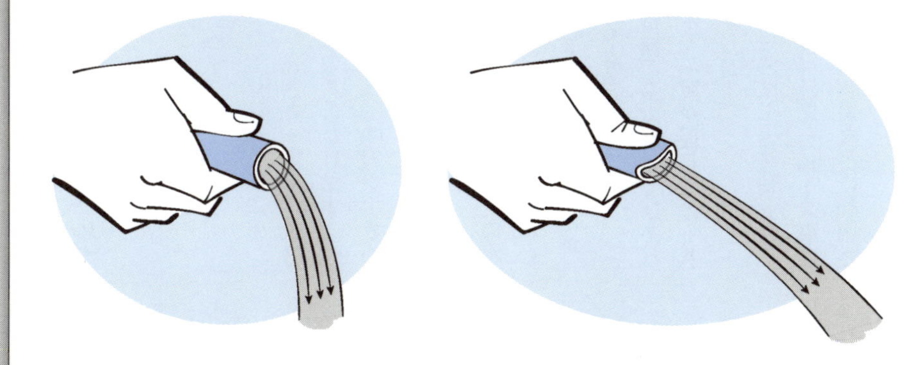

同じ流量ならば、細いところを流れるほうが流速が大きくなります

40 ベルヌーイの定理

全体のエネルギーは一定

ベルヌーイの定理とは、エネルギー保存則を流体に当てはめたものです。

エネルギー保存則とは、エネルギーはある形から別の形へ変化することはあっても、新たに作り出されることや、消えてなくなることはあり得ないという原理です。

ベルヌーイの定理は、圧縮性と粘性がない、理想流体の定常流れにおいてのみ①式が成り立ちます。

①式の第1項は水が持つ運動エネルギー、第2項は位置エネルギー、第3項は圧力によるエネルギーに相当するものです。また、これらの各エネルギーはすべて長さの次元で表されます。したがって、第1項を速度水頭、第2項を位置水頭、第3項を圧力水頭、これらの和を全水頭といいます。

配管の径が小さくなって、流速vが速くなったとします。速度水頭が大きくなったわけです。そうすると、全体のエネルギーは一定ですから、何かが小さくならなければ一定となりません。

重力の加速度gは一定です。高さも一定で、水の密度も一定とすれば、残りは圧力pとなります。つまり、流速が速くなったことにより、圧力が小さくなるのです。

この逆に、配管径が大きくなれば、流速が小さくなり、圧力が高くなります。前ページで、ホースの水を遠くに飛ばすために、指でつまんで断面を小さくして、流速を速くして飛ばすことを説明しましたが、流速が速くなると圧力は小さくなるのです。

ベルヌーイの定理だけで飛行機が飛ぶわけではありませんが、翼に働く気圧差によって翼が押し上げられる揚力によって機体が浮き上がります。

ベルヌーイの定理は色々なところに応用されており、霧吹きから、ピトー管を使った飛行機やF1レース車の速度計、ベンチュリー計による流量測定などに利用されています。

要点BOX

- エネルギー保存則を流体にあてはめたのがベルヌーイの定理
- 流速が早くなれば、管の圧力が小さくなる

完全流体におけるベルヌーイの定理

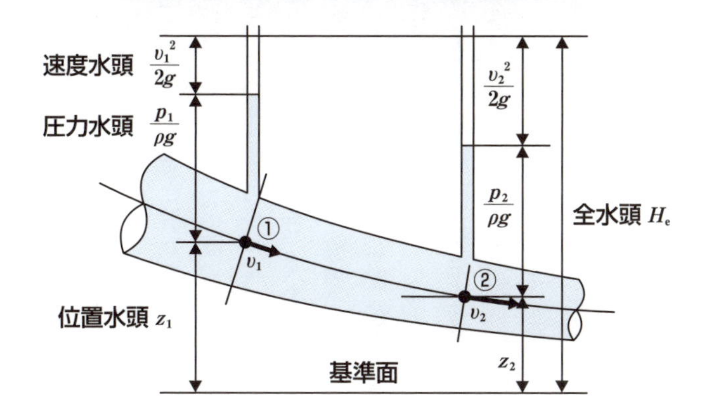

$$\frac{v^2}{2g} + z + \frac{p}{\rho g} = H_e = 一定 \quad \cdots\cdots\cdots ①$$

v：平均流速(m/s)，g：重力加速度(9.8m/s^2)，z：基準面からの高さ(m)，
p：管内の圧力(Pa)，ρ：水の密度(1000kg/m^3)

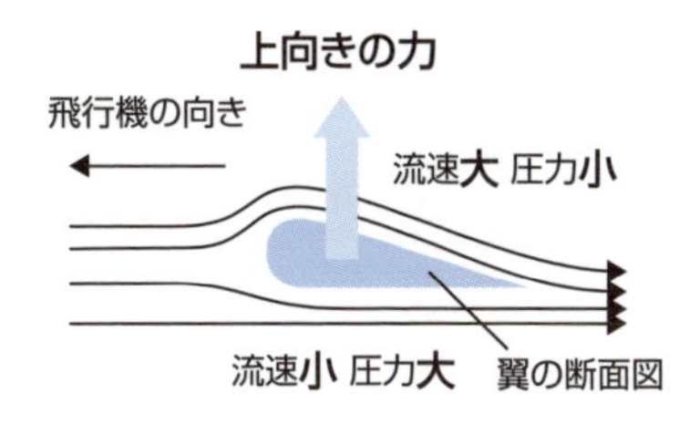

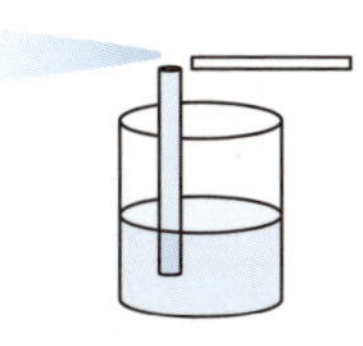

流れが速いと圧力は低いので水が吸い上げられる

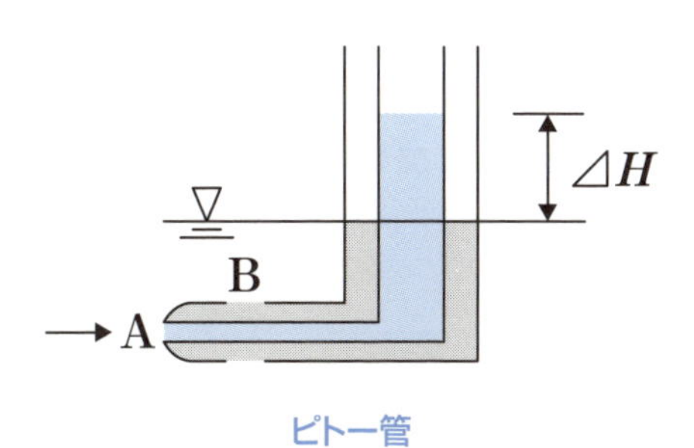

ピトー管

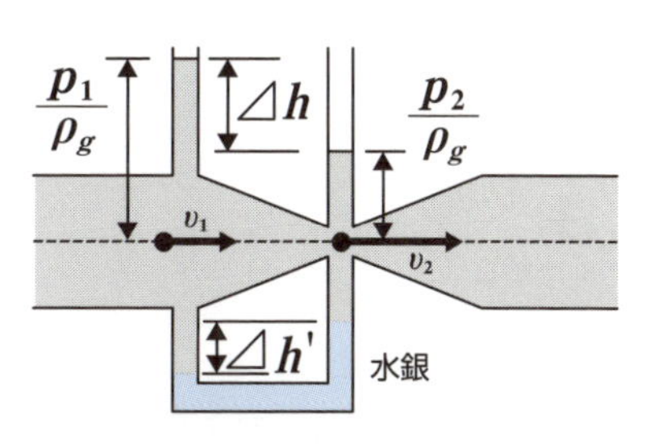

ベンチェリー計

41 損失水頭①

摩擦、流入による損失

●摩擦損失水頭

図1のように水平に置かれた断面に一定の流量を流した場合、水は圧力の高いほうから低いほうへ流れるため、実際には圧力はΔpだけ減少します。

これは水が流れる場合、水の粘性のためにその内部や管路壁との接触面に摩擦力が生じて、水の持っている力学的エネルギーの一部が摩擦による熱エネルギーに変わるからです。

管の太さが一定区間で発生する摩擦損失Hif(m)は、管水路の長さL(m)と速度水頭$\frac{v^2}{2g}$に比例し、管の直径D(m)に反比例してⓐ式で表され、ダルシー・ワイスバッハの式といいます。

摩擦損失係数fの値は、管の直径D、管の相対粗度と流れの状態を表す指標値であるレイノルズ数の関数であることがたくさんの実験からわかっています。粗い管の摩擦損失係数として、図2にニクラーゼの実験があります。

●その他の損失水頭

管水路の損失水頭は、摩擦損失水頭以外に図3のような局部的損失水頭の合計で求められます。

①水槽から管への流入による損失水頭
②管の曲がり・屈折による損失水頭
③管の断面変化による損失水頭
④弁などの管内障害物による損失水頭
⑤管からの流出による損失水頭

その他に合流、分流による損失水頭、管内オリフイス等の計量器具があるときも損失水頭が生じます。また各損失水頭は速度水頭に比例し、ⓑの式で表されます。

①流入による損失水頭

水などから管水路に水が流れ込む時、入口付近で渦が発生し、流入による損失水頭が発生します。ⓐ式のf_eを流入損失係数といい、図4のように入口の形状により、f_eの係数が決まります。

●損失水頭は摩擦によるものとそれ以外がある
●水が流れ込むときに渦が発生して損失水頭が発生する

摩擦と流入による損失水頭

図1 水平な円環の流れ

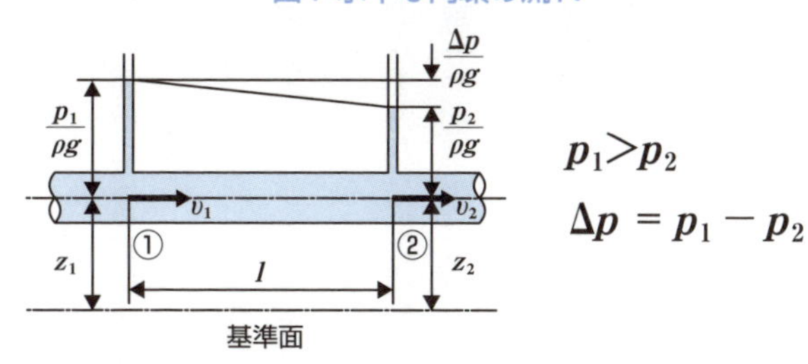

$$p_1 > p_2$$

$$\Delta p = p_1 - p_2$$

図2 摩擦損失係数 f の値

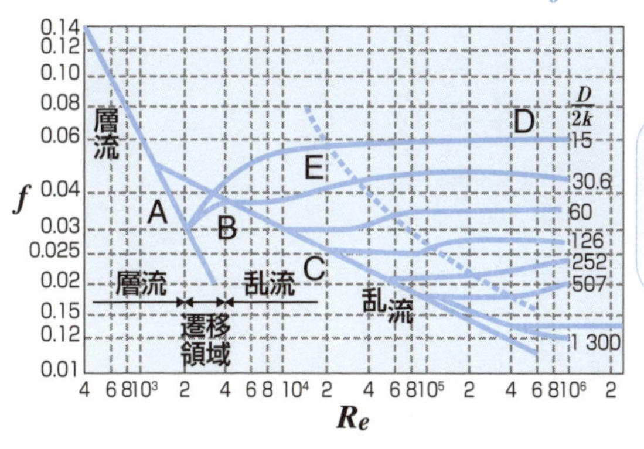

$$\mathrm{Hif} = f\,\frac{L}{D}\cdot\frac{v^2}{2g}$$

……… ⓐ

図3 摩擦以外の理由による損失水頭

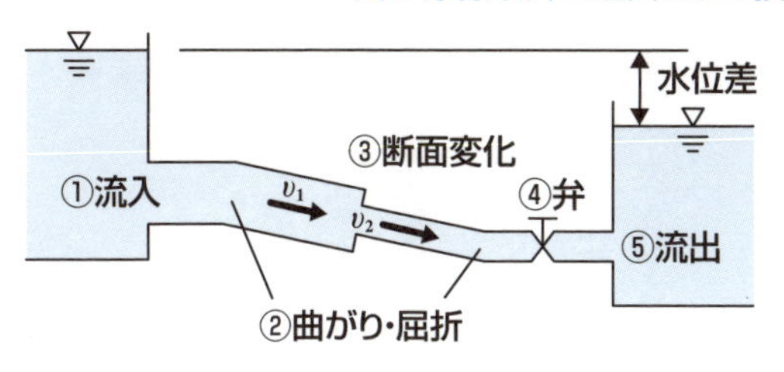

$$\mathrm{Him} = fm\cdot\frac{v^2}{2g}$$

……… ⓑ

図4 流入損失係数の値

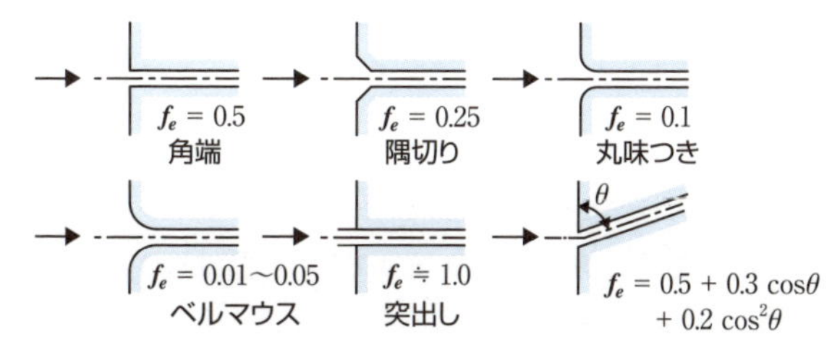

42 損失水頭②

曲がり、屈折、断面による損失

②曲がり・屈折による損失水頭

●曲がりによる場合

図1のように曲がりによる損失水頭h_bと、曲線部の摩擦損失水頭h_fが生じます。

曲がりによる損失水頭のh_bは、ⓐ式となります。この式のf_bを曲がり損失係数といい、その値は、曲がりの角度θや曲率半径R、管径Dなどに影響され、ⓑ式のように表すことができます。

f_{b1}とf_{b2}の実験値を図2に示します。

●屈折による場合

図3のような屈折による損失水頭h_{be}はⓒ式となります。

f_{be}を屈折損失係数といい、ⓓ式で求めることができ、f_{be}を計算したものが表1となります。

③管の断面変化による損失水頭

●断面が急に拡大する場合

細い管から急に太い管に変わる場合は、太い管の隅に渦ができ、流れのエネルギーが失われます。急拡大による損失水頭h_{se}は、細い管内の流速をv_1としてⓔ式で表され、f_{se}を急拡損失係数といいⓕ式で表されます。

●断面が急に縮小する場合

管の断面が急縮する場合の損失水頭h_{sc}は、細い管内の流速をv_2としてⓖ式で表されます。f_{sc}を急縮損失係数といいます。

④弁による損失水頭

弁による損失水頭は、その部分で流れが急縮し、再び急拡するため生じるもので $h_v=f_v\frac{v^2}{2g}$ で表されます。f_vを弁損失係数といい、弁の種類により異なります。

⑤流出による損失水頭

管の末端では、エネルギーが速度水頭$\frac{v^2}{2g}$だけ減少するので、流出による損失水頭h_oは、ⓗ式のように表し、f_oを流出損失係数といい$f_o=1$です。

要点BOX

●管の曲がりや屈折でも損失水頭がある
●断面が急に拡大・縮小する場合も流れのエネルギーが変わる

曲がり・屈折による損失水頭

図1 曲がりによる損失水頭

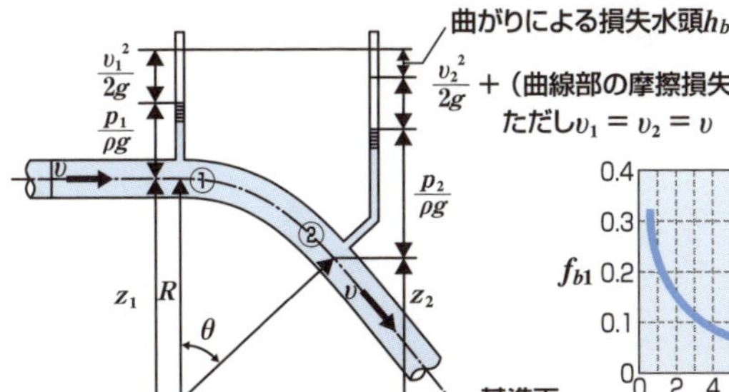

図2 曲がりによる損失f_{b1},f_{b2}

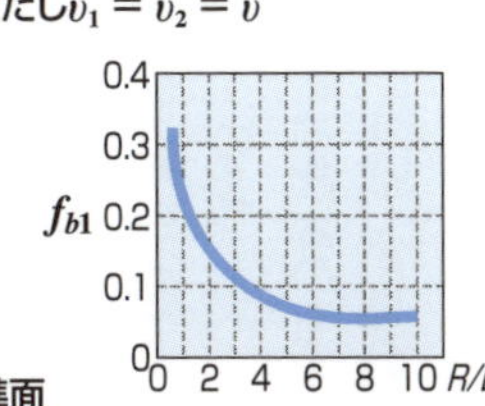

f_{b1}の値

1.2 1.0 0.8 0.6 0.4 0.2 0

0° 20° 40° 60° 70° 100° 120° θ

f_{b2}の値

$$h_b = f_b \frac{v^2}{2g} \quad \cdots\cdots\cdots ⓐ$$

$$f_b = f_{b1} f_{b2} \quad \cdots\cdots\cdots ⓑ$$

表1 屈折損失係数f_{be}

θ	15°	30°	45°	60°	90°	120°
f_{be}	0.017	0.073	0.183	0.365	0.99	1.86

出典:土木学会編「水理公式集」による

図3 管の屈折

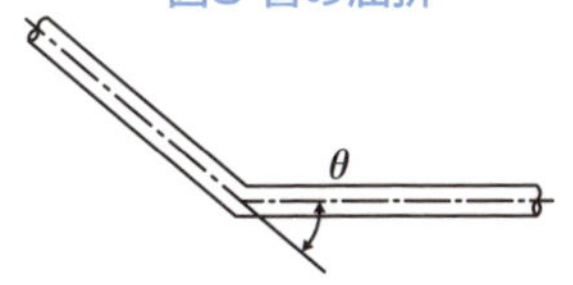

$$h_{be} = f_{be} \frac{v^2}{2g} \quad \cdots\cdots\cdots ⓒ$$

$$f_{be} = 0.946\sin^2 \frac{\theta}{2} + 2.05 \sin^4 \frac{\theta}{2} \quad \cdots\cdots\cdots ⓑ$$

管の断面変化による損失水頭

図4

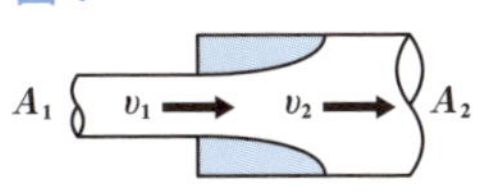

図5

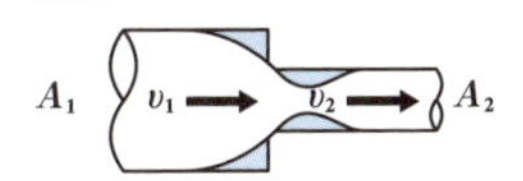

$$h_{se} = f_{se} \frac{v_1^2}{2g} \quad \cdots\cdots\cdots ⓔ$$

$$f_{se} = \left(1 - \frac{A_1}{A_2}\right) = \left\{1 - \left(\frac{D_1}{D_2}\right)^2\right\}^2 \quad \cdots\cdots\cdots ⓕ$$

$$h_{sc} = f_{sc} \frac{v_2^2}{2g} \quad \cdots\cdots\cdots ⓖ$$

流出による損失水頭

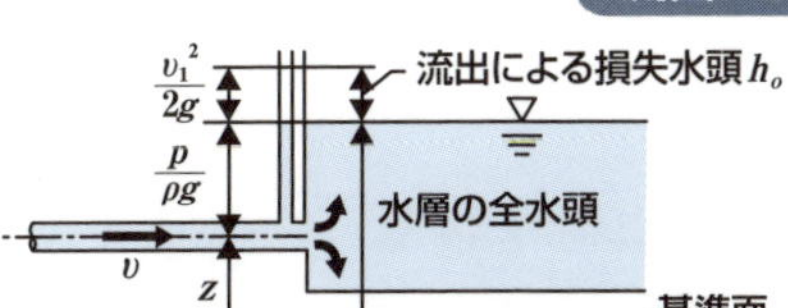

$$h_o = \frac{v^2}{2g} \quad f_o = \frac{v^2}{2g} \quad \cdots\cdots\cdots ⓗ$$

43 平均流速公式

実用上よく用いられる代表的な公式

実用上よく用いられる平均流速公式は、摩擦損失水頭h_fの式を平均流速vの形に変形したもので、多くの人々によって考案されており、ここでは代表的なものを紹介します。

●シェジーの式

①のシェジーの式は下水道の標準式として用いられてきた最も古い平均流速公式です。

●ガングレー–クッターの式

クッターはガングレーの指導のもと、ミシシッピー川をはじめ多くの河川について実測を行い②式をつくりました。もともとは開水路に対する公式でしたが、管水路についてもよく用いられます。一般にはクッターの式と呼ばれています。シェジーの式のCを②式で表しています。

●ヘーゼン–ウイリアムスの式

この公式は、アメリカで実際の水道管の実験結果に基づいて作られ、管径の大きな上水道の送水管と排水管に適用されています。

●ウェストンの式

この公式は、内径13～89㎜のきわめて滑らかな管に対する実験式です。日本では、上水道の給水管設計に広く用いられています。

●マニングの式

⑤のマニングの式は、平均流速公式の中で、管水路・開水路ともにもっとも広く使われています。河川や人工水路など、開水路の実験値から導かれたもので、完全な乱流か壁面の粗い水路に適合するものといわれています。

粗度係数nは、水路の壁面の粗さを示し、nが小さいほど壁面は滑らかとなります。その概略値を表1に示します。

⑥式はマニングの式から求められる摩擦損失係数で、マニングの粗度係数を与えることにより求めることができ、日本でよく使われています。

要点BOX

- ●シェジーの式は最古の標準式
- ●管水路や開水路でもっとも使われているにはマニングの式

平均流速公式の例

シェジーの式

$$v = C\sqrt{RI} \quad \cdots\cdots ①$$

v：断面の平均流速[m/s]，C：シェジーの係数，
R：径深[m]，$I = h_f/l$：動水勾配

ガングレー-クッターの式

$$v = C\sqrt{RI} = \frac{23 + \frac{1}{n} + \frac{0.00155}{I}}{1+\left(23 + \frac{0.00155}{I}\right)\frac{n}{\sqrt{R}}}\sqrt{RI} \quad \cdots\cdots ②$$

v：平均流速[m/s]，n：粗度係数，R：径深[m]，I：動水勾配

ヘーゼン-ウイリアムスの式

$$v = 0.35464 C_H D^{0.63} I^{0.54} \cdots\cdots ③$$

C_H：流速係数，v：平均流速[m/s]，D：管の内径[m]

ウェストンの式

$$f = 0.0126 + \frac{0.01739 - 0.1087D}{\sqrt{v}} \cdots\cdots ④$$

f：摩擦損失係数，D：管の内径[m]，v：平均流速[m/s]

マニングの式

$$v = \frac{1}{n} R^{\frac{2}{3}} I^{\frac{1}{2}} \cdots\cdots ⑤$$

v：平均流速[m/s]　n：粗度係数，
R：径深[m]，I：動水勾配

表1　粗度係数nと流速係数C_Hの例

壁面の種類	n	C_H
新しい塩化ビニール管、黄銅・すず・鉛・ガラス	0.009～0.012	145～155
溶接された鋼表面	0.010～0.014	140
リベットまたはねじのある鋼表面	0.013～0.017	95～110
鋳 鉄(新)	0.012～0.014	130
鋳 鉄(旧)	0.014～0.018	100
鋳 鉄(きわめて古い)	0.018	60～80
木 材	0.010～0.018	—
コンクリート(滑らか)	0.011～0.014	120～140
コンクリート(粗い)	0.012～0.018	

注　C_Hは、ヘーゼン-ウィリアムスの式で用いられる係数

$$f = \frac{124.5n^2}{D^{\frac{1}{3}}} \cdots\cdots ⑥$$

44 単線管水路

単線管水路の流速・流量の求め方

管の摩擦、曲がり、バルブ、出入口などで失われるエネルギーとして各種損失水頭があります。圧力水頭と位置水頭の和をピエゾ水頭といい、ピエゾ水頭を連ねる線を動水勾配線といいます。

また、ピエゾ水頭に速度水頭 $\frac{v^2}{2g}$ を加えたものを連ねる線をエネルギー線といいます。

管路の場合は**図1**のように、自由表面がなく、水圧は大気から独立しており、流量が変わっても流水断面積は変わりません。

開水路の場合は**図2**のように、自由表面を持ち、水面の水圧は大気圧となり、流水断面積は流量によって変わります。

図3のような二つの水槽を管径が一定な管水路で結んだ場合、水槽の水位差Hは、管水路の入口から出口までの全損失水頭と等しくなります。

ここで、管径をD、管の全長をl、流速をv、摩擦損失係数をfとして、各部分の損失を求めると、**表1**となります。

水槽の水位差Hは、これらの損失水頭の和に等しいので、①式となります。

①式から流速 vを求めると、②式となります。

Vが求まると、連続の式から流量Qが求まります。

管水路の各点の全水頭を求めて、その高さを連ねるとエネルギー線を描くことができます。摩擦損失水頭は、管水路の長さに比例して大きくなり、この他に、流入・流出・曲がり・弁などの局部的損失があるので、エネルギー線は**図3**のように、階段状の傾斜直線A_1G_1となります。

動水勾配線は、エネルギー線より速度水頭だけ低いので、A_2G_2線のように描くことができます。

なお、AB間管径D_1、流速 v_1とBG間管径D_2、流速v_1というように、途中で管径が変わる場合は、①式を管径・流速ごとの式を立て、③式を代入して整理すると流速、流量を求めることができます。

- 管路は自由表面がないので流量が変わっても流水断面積は変わらない
- 損失水頭の種類ごとに式がある

図1　管路

エネルギー線

動水勾配線

図2　開水路

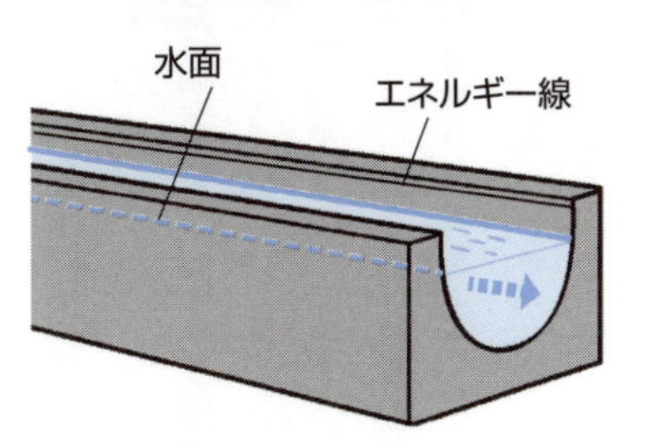

図3　管径一定の管水路

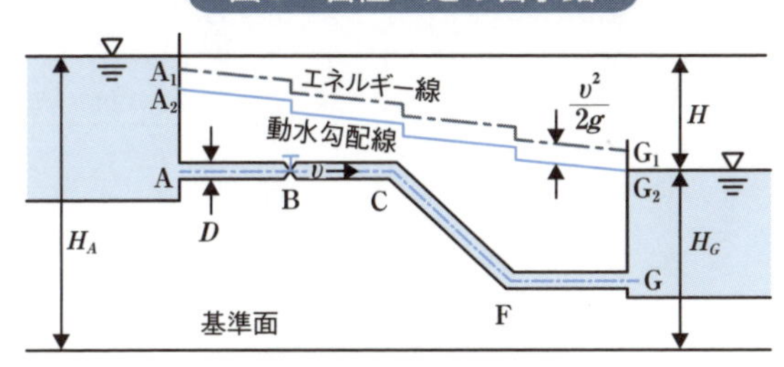

表1

地点	損失水頭の種類	式
A	流入による損失水頭	$h_e = f_e \dfrac{v^2}{2g}$
B	弁による損失水頭	$h_v = f_v \dfrac{v^2}{2g}$
C F	曲がりによる損失水頭	$\Sigma h_b = (\Sigma f_b) \dfrac{v^2}{2g}$
G	流出による損失水頭	$h_o = f_o \dfrac{v^2}{2g}$
A～G	摩擦による損失水頭	$h_f = f \dfrac{l v^2}{D 2g}$

$$H = \left(f_e + f_v + \Sigma f_b + f_o + f \frac{l}{D} \right) \frac{v^2}{2g} \quad \cdots\cdots ①$$

$$v = \sqrt{\frac{2gH}{f_e + f_v + \Sigma f_b + f_o + f \dfrac{l}{D}}} \quad \cdots\cdots ②$$

B点において管径が変わるとき

AB間　D_1　v_1

BG間　D_2　v_2

$$v_2 = \square \left(\frac{D_1}{D_2} \right)^2 v_1 \quad \cdots\cdots ③$$

45 直管換算長

損失水頭に相当する直管の長さ

摩擦損失水頭以外の損失水頭の算出は、バルブや異形管ごとに損失水頭を直接算出してきましたが、別の方法として、直管換算長により損失水頭を算出する方法があります。この方法は、主に給水管の設計のときに簡便さから用いられることが多いようです。

直管換算長とは、給水用具類、メーター、異形管部等による損失水頭が、これと同口径の直管の何メートル分の損失水頭に相当するかを直管の長さで表したものです。

各種給水用具の標準使用水量に対応する直管換算長をあらかじめ計算しておけば、これらの損失水頭は、管の摩擦損失水頭を求める式から計算できます。

たとえば、A—B間に口径25㎜の配管に流量0.7L/secが流れると考えます。

①まず、直管部の動水勾配を求めます。

図3のウエストン公式流量図から、動水勾配を求めると、動水勾配は110‰となります。

②次に止水栓の損失水頭を求めます。

図4の口径25㎜の配管に流量0.7L/secが流れる場合の止水栓の損失水頭は0.9mとなります。

③止水栓の直管換算長を求めます。

動水勾配が110‰で損失水頭が0.9mになるような直管換算長を①式により求めると8.2mとなります。

④直管換算長による損失水頭

動水勾配が110‰で直管換算長28.2mのときの損失水頭を②式により求めると3.10mとなり、個別に損失水頭を算出した場合と同じとなります。

以上のように、予め給水用具、メーター、異形管部等の損失水頭を算出しておけば、その都度損失水頭を計算しなくても簡単に給水管全体の損失水頭を算出することができます。

以上のように直管換算長の算出の計算方法を説明しましたが、通常は水道管理者側の直管換算長データを用いて計算を行うことが多いです。

要点BOX

- 給水管設計でよく用いられる
- 損失水頭をそれに相当する同口径の直管の長さで表したもの

直管換算長

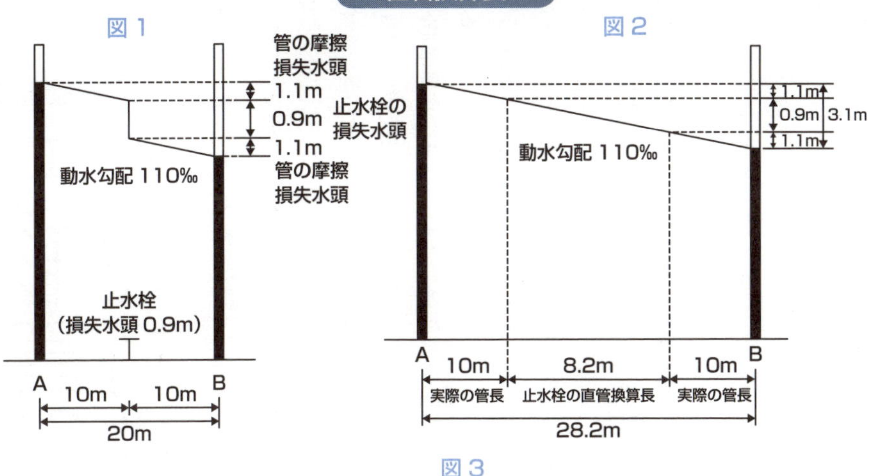

図3

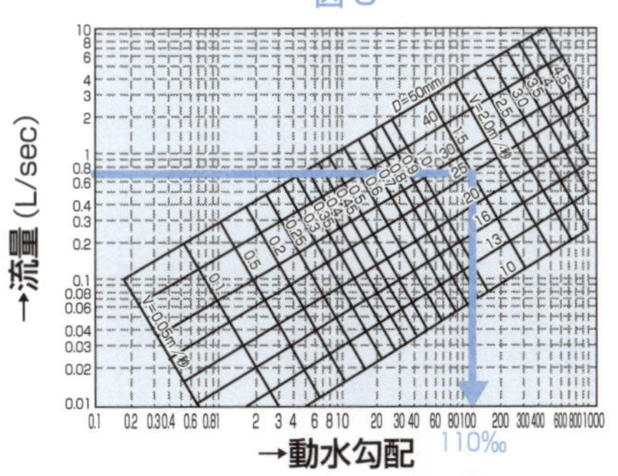

ウエストン公式流量図

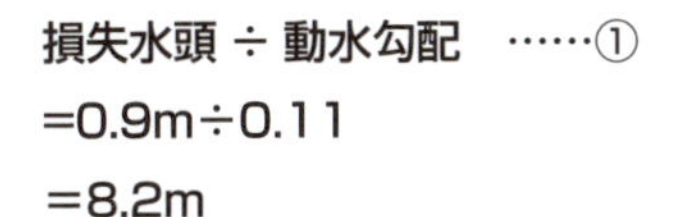

損失水頭 ÷ 動水勾配 ……①

=0.9m÷0.11

=8.2m

直管換算長による損失水頭

(10+8.2+10) ×0.11 ……②

=3.10m

図4

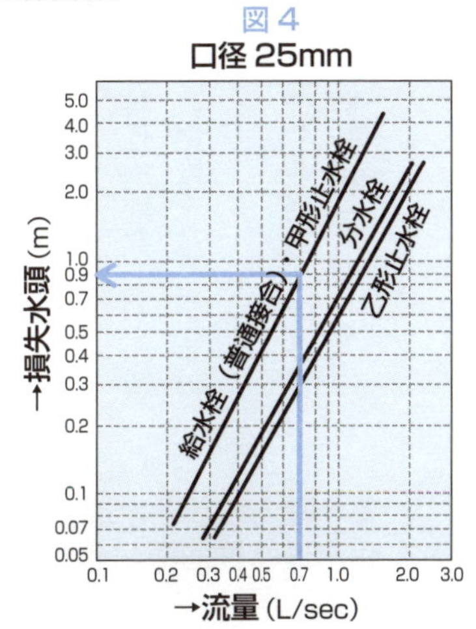

46 円形管の水理特性曲線

水理特性曲線の活用法

用水路、排水路、下水管などに用いられる円形断面水路で、各水深に応ずるV（流速）およびQ（流量）を満管の場合のV_0、Q_0で割ってV/V_0,Q/Q_0をh/Dの関数として図示したものが水理特性曲線です。

マニング式の粗度係数を一定とした場合の円形管の水理特性値は**表1**となり、水理特性曲線は**図1**となります。

この水理特性曲線から、円形管において、流速は水深がほぼ81％の時最大となり、流量は水深がほぼ94％のとき最大になることがわかります。

この水理特性曲線を用いて内径1.8mの円形管に$1.0m^3/s$の水を流した時の水深と流速を出してみます。ただし、満流の時の流速は1.428m/s、流量は$3.635m^3/s$とします。

まず、式①により、流量に対する流量比を求めると、流量比は28％となります。

この流量比28％から、水深比37％、流速比87％が読み取れます。

②式から水深が求まり、③式から流速が求まります。

設計で用いる用語として、実際の水深と実際の流速という意味で、実水深、実流速といったいい方をします。

また、実際の水深から、先ほどの手順を逆にすれば、実際の流量や流速を求めることができます。

ここでは円形管の水理特性曲線の解説をしましたが、正方形きょ、長方形きょ、卵形管、円形管の粗度係数が変化する場合の水理特性曲線が、「下水道施設計画・設計指針と解説」に掲載されていますので、参考としてください。

卵形管では、流量が減っても円形管に比べて水深や流速が確保でき、砂等の沈殿防止に有効となっています。

これらは、計算によって算出することができますが、ここでは水理特性曲線を使った方法を説明しました。

要点BOX
●水理特性値と水理特性曲線
●水理特性曲線から水深、流速、流量を導き出す

水理特性値と水理特性曲線

表1　円形管の水理特性値

h/D	V/V_0	Q/Q_0
0.10	0.401	0.021
0.20	0.615	0.088
0.30	0.776	0.196
0.40	0.902	0.337
0.50	1.000	0.500
0.60	1.072	0.672
0.70	1.120	0.837
0.80	1.140	0.978
0.90	1.124	1.066
1.00	1.000	1.000

図1　水理特性曲線

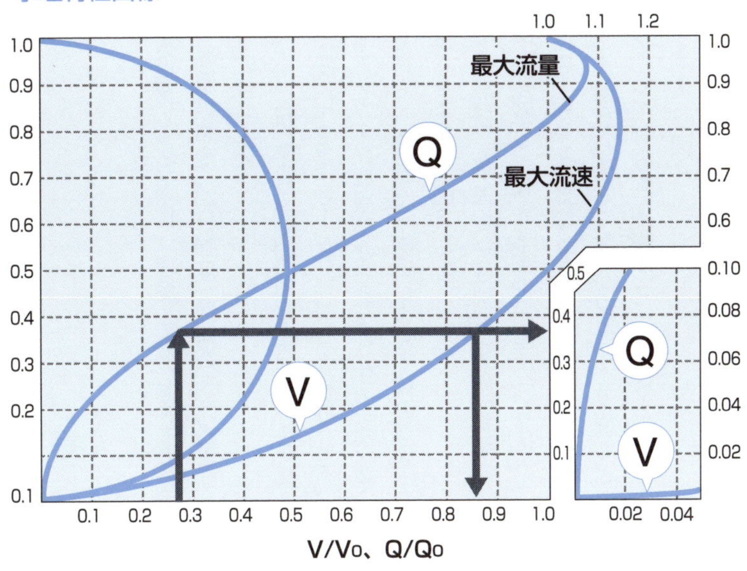

$Q/Q_0 = 1.0/3.635 = 0.28$ ……………… ①
流量比 28%から
水深比 37%、流速比 87%
水深 $= 1.8 \times 0.37 = 0.67$m ……………… ②
流速 $= 1.428 \times 0.87 = 1.24$m/s ……… ③

47 管きょの液状化対策

埋戻し土や杭、壁などによる対策

液状化とは、地下水が比較的浅く、砂を多く含む地盤では、なにもなければ地中の砂粒子は互いにかみ合い安定しています。ところが、大きな地震が起こると、その揺れで砂の粒子が離れて、水に浮いた状態となります。バラバラになった砂の粒子が沈殿して、地面から土砂を伴って地上に吹き出し、その分だけ地盤は沈下します。液状化が発生すると、軽量構造物は浮上し、重量構造物は傾いたり沈下したりします。ここでは、このような液状化に対して、最も被害の大きかった下水道管きょの対策を見ていきます。管きょの液状化対策として、埋戻し土による方法と液状化から管きょを守る方法があります。

①埋戻し土の締固め：管きょの埋戻し部の締固め度を90%以上(①式参照)確保します。

②砕石等による埋戻し：使用する砕石について、平均粒径(D50)が10㎜以上かつ10%粒径(D10)が1㎜以上の砕石を使用します。

③埋戻し土の固化：埋戻し土にセメント系固化剤を一軸圧縮強度(28日強度)が100～200kPaとなる量を確保します。

④杭：杭により過剰間隙水圧(静水圧を超える間隙水圧)による浮き上がりに対して抵抗させる。(図1)

⑤アンカー：底版部から非液状化の支持層へアンカーを打ち、過剰間隙水圧による本体の浮き上がりに抵抗させます。(図2)

⑥遮断壁：鋼矢板、柱列杭などの高剛性材料を地中に残置し、管きょ下部への土の回り込みを抑制し、浮き上がりを軽減させます。(図3)

⑦重量化：管きょをコンクリート基礎などで重量を増やして、過剰間隙水圧による浮き上がりに抵抗させます。(図4)

⑧土の移動防止：管きょの外側にネットを巻き、液状化の際の埋め戻し土の移動を抑制して浮き上がりを軽減させます。(図5)

要点BOX

- 液状化で被害の多かった下水道管きょ
- 埋戻し土等で締固めるか、杭・壁等で抵抗させる

液状化発生メカニズム

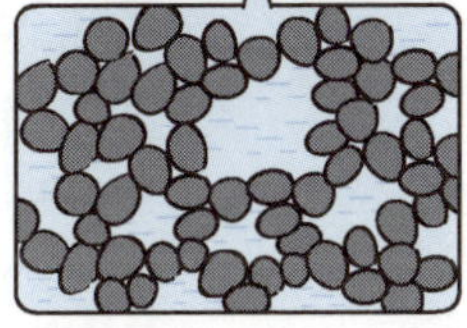

砂などの粒子がくっついて、その間に水がある状態

地盤が地震によりゆさぶられる

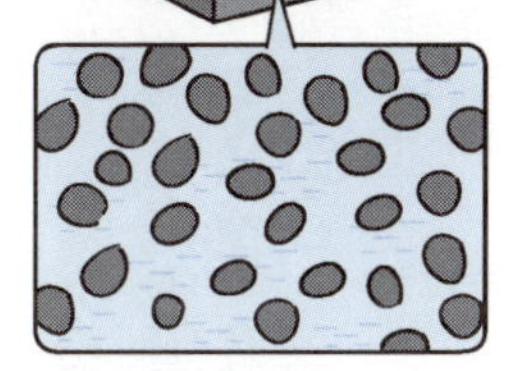

砂の粒子が離れて、水に浮いた状態になります

地面の裂け目から砂混じりの水が噴き出すこともある

バラバラになった砂の粒子が沈殿して、地面から水が出てきます

管きょの液状化対策

$$\text{締固め度}(Dc) = \frac{\text{現場における締固め後の乾燥密度}}{\text{室内締固め試験における最大乾燥密度}} \times 100(\%) \quad \cdots\cdots①$$

図1

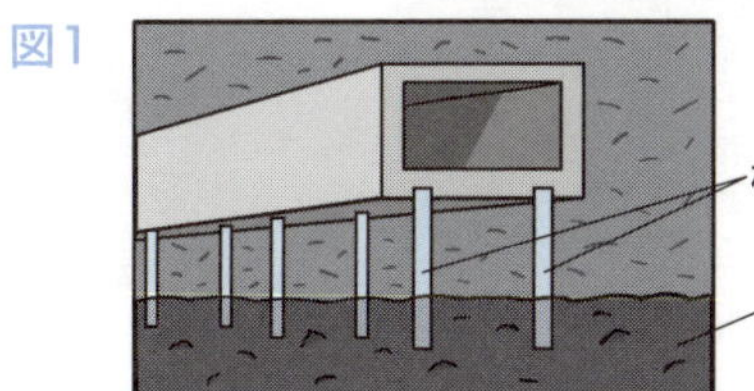

図2

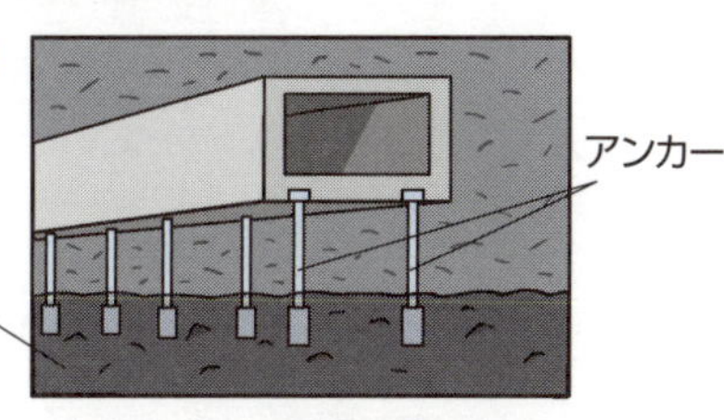

図3

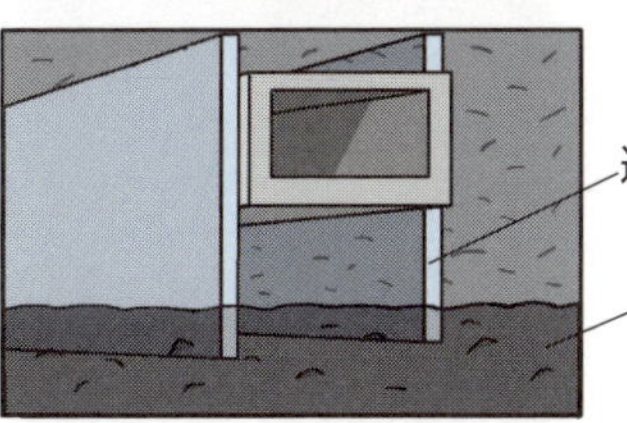

図4

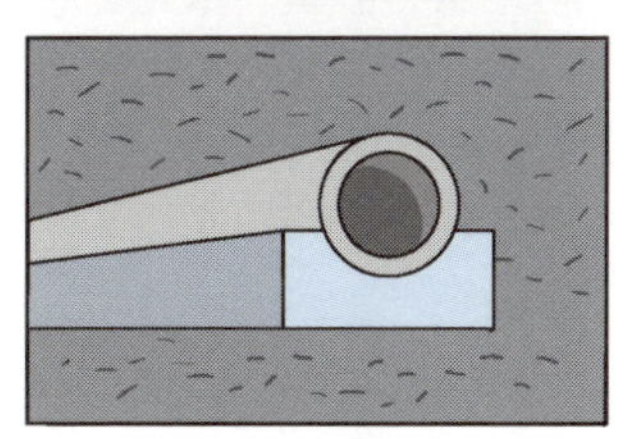

カウンターウエイトコンクリート基礎等

図5

48 動水勾配線の追跡

動水勾配線の求め方

動水勾配線の追跡が必要になる場合の一例として、**図1**のように雨水を河川に流す場合の雨水管についてお話しします。

既設管の流下能力がない場合、動水勾配によって水は流れます。この動水勾配線がどの位置にあるかが問題となります。例えば、動水勾配線が地上より出た場合、そこにマンホール等があると、マンホールから水が噴き出します。テレビニュースなどでよく見かける台風シーズンで大雨が降ると、マンホールの蓋から噴水のように雨水で出てくる現象です。

●出発水位

図1のように、既設雨水管の流下能力がない場合、出発水位は、河川水位が管頂より低い場合は、管頂が出発水位となります。逆に河川水位のほうが高い場合、河川水位が出発水位となります。

●動水勾配

動水勾配は、マニングの公式から勾配を求める式に直すと①式となり、動水勾配を求める式となります。

●動水勾配の計算例

この場合の計算の前提として、河川水位が既設雨水管下流の管頂より低い場合としています。また、既設雨水管流下能力以上の雨水が流入するとしています。

計算にあたっては、流入量のほか、管きょの流積と径深を求めます。また、ここでは、粗度係数を0.013と置いています。

以上から動水勾配は9‰が求められます。下流の管頂から9‰の勾配で上がった場合のレベルを計算し、地盤高との差を出せば、地盤から動水勾配線がどの位置にあるかわかります。

雨水管下流の管頂より河川水位のほうが高い場合は、出発水位が河川水位となります。

下水の場合、自然流下が基本となりますが、浸水対策等を考える上では必要な計算となります。

要点BOX

●動水勾配線がどの位置にあるかが問題
●マニングの式から動水勾配を求める式に直す

動水勾配とその計算例

図1

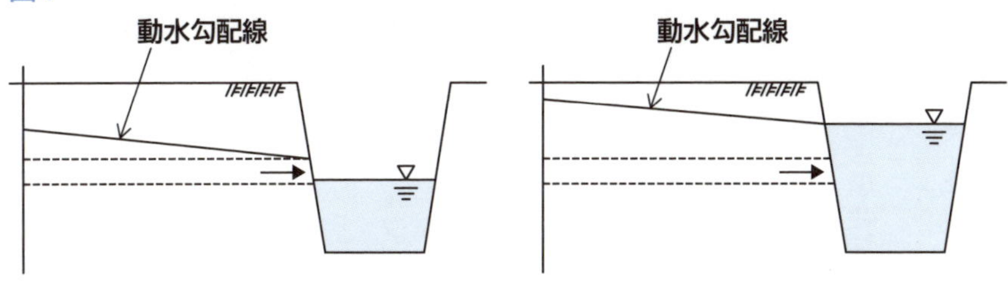

$$I = \left(\frac{n \cdot Q}{A \cdot R^{2/3}} \right)^2 \quad \cdots\cdots\cdots ①$$

I ：一区域内の動水勾配
Q ：流量（m^3／s）
R ：径深（m）
n ：粗度係数
A ：流積（m^2）

図2

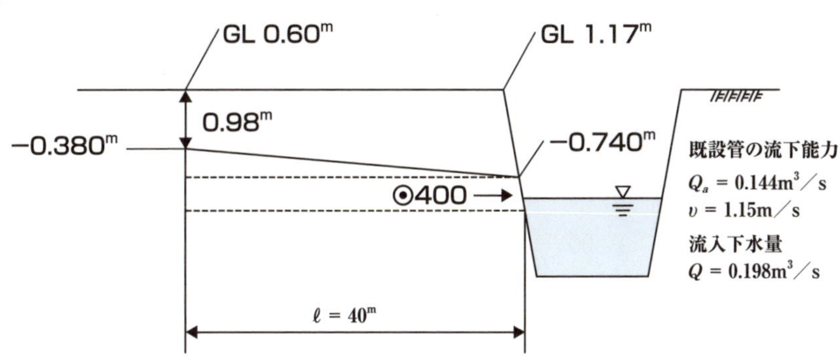

動水勾配：$I = \left(\frac{n \cdot Q}{A \cdot R^{2/3}} \right)^2$

$= \left[\frac{0.013 \times 0.198}{0.1257 \times 0.1^{2/3}} \right]^2$

$= 0.00903$

$\fallingdotseq 9‰$

$Q = 0.198\ m^3/s$

$A = \frac{\pi D^2}{4} = \frac{\pi \times 0.4^2}{4} = 0.1257m^2$

$R = \frac{D}{4} = \frac{0.4}{4} = 0.1m$

49 伏せ越し

管きょ通過の最後の手段

サイフォンは、管が水面の上にあっても、1気圧の下で約10mまでは入口と出口の水位差で自然と水が流れます。灯油ポンプにこの原理が使われています。

逆サイフォンは、サイフォンを逆にしたもので、上流側の水位と下流側のある程度の水位差があれば、流れ出します。

この逆サイフォンの原理を利用したものが、伏越し管です。

河川、水路、鉄道や移設が不可能な地下埋設物の下に管きょを通過させる場合に、逆サイフォンの圧力管として施工する部分を伏せ越しといいます。

伏越しは、施工が困難な場合が多く、維持管理にも問題が多いため、原則として避ける工法ですが、やむを得ず採用する場合は、次の事項を考慮する必要があります。

①伏越し管きょは、複数として、護岸構造物の荷重やその不同沈下の影響受けないようにします。左図のように伏越し管きょをシールド工法で施工する場合は、大断面の管きょを布設し、隔壁を設けて所定の断面に分割して複数管きょとした例もあります。

②伏越しの構造は、障害物の両側に垂直な伏越し室を設け、これらを水平または下流に向かって下り勾配の伏越し管きょで繋ぎます。

③伏越し室には、ゲートまたは角落としのほか、深さ0.5m程度の泥だめを設けます。

④伏越し管きょの流入口や流出口は、損失水頭を少なくする構造とします。また、管きょ内の流速は、上流管きょ内の流速の20～30%増しとします。

⑤雨水管きょまたは合流管きょが河川等を伏越しする場合は、上流に雨水吐のないときは、伏越し上流側に災害防止のための非常放流管きょを設けるほうがよいです。

⑥伏越し延長が長距離となる場合は、流下状況を十分に検討する必要があります。

要点BOX

- 逆サイフォンの原理を応用した方法だが施工が困難
- 管きょに隔壁を設けて断面分割する例もある

伏越しの例

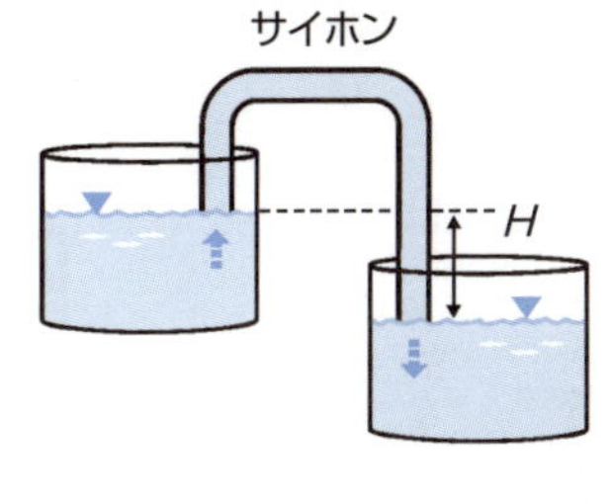

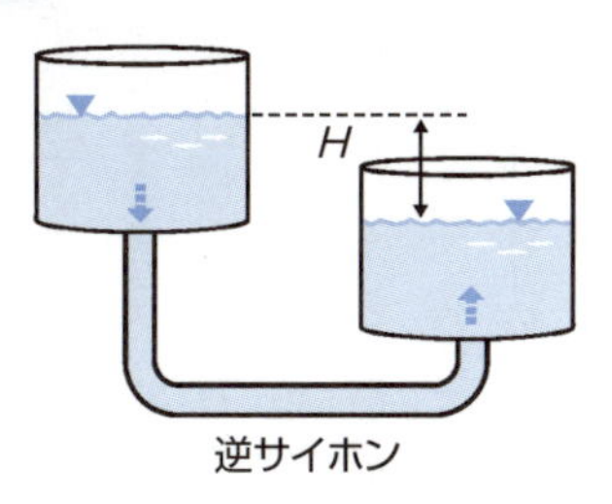

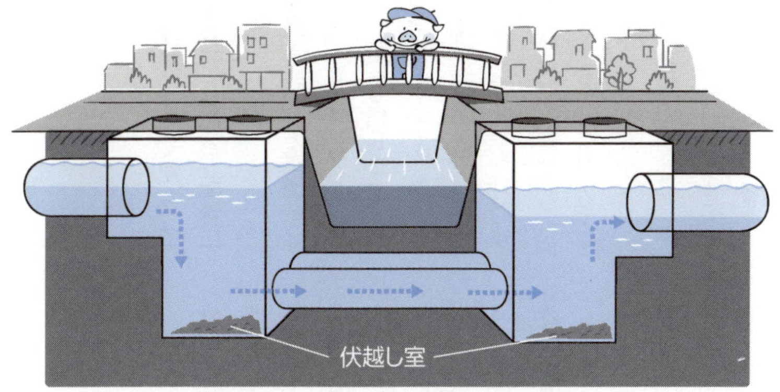

管きょ内に隔壁を設ける場合

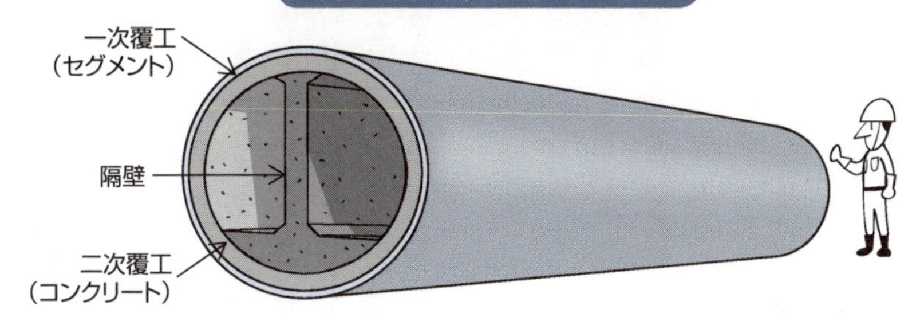

伏越し管きょのシールド工法による複数断面の例

$$H = i \cdot L + \beta \cdot \frac{V^2}{2g} + \alpha$$

ここに、

H：伏越しの損失水頭(m)
i：伏越し管きょ内の流速に対する動水こう配(分数または小数)
L：伏越し管きょの長さ(中心線延長)(m)
V：伏越し管きょ内の流速(m/s)
g：重力の加速度(=9.8m/s^2)
α：0.03〜0.05(m)
β：1.5を標準とする

50 配管の口径

配管口径の呼び方

配管口径の呼び方は、配管の種類によって変わってきます。ここでは代表的なヒューム管と鋼管の配管口径についてお話しします。

ヒューム管は主に下水管に使用され、下水道では配管口径のことを管径といいます。管径300のヒューム管とは、内径300㎜のヒューム管を指します。

呼び径と内径が等しいのでわかりやすいですね。しかし、工法などの検討や他企業埋設物とのクリアランスを検討する場合などは、管厚を考慮した外形が重要となってきます。

鋼管の口径と管厚は日本ではJIS、アメリカではANSI（アメリカ国家規格協会）、ASME（アメリカ機械工学会）で決められています。鋼管の口径は、外形を指しますが、外形ごとに呼び径があり、JIS規格ではA呼称とB呼称という呼び径が定められています。例えば、口径34.0mmの鋼管を、A呼称では25A（25エー）といい、B呼称では1B（1インチ）といいます。

ここで、インチで配管口径を表す分数表記の場合、分母を8として表して、その分子を呼び径としています。たとえば、6Aは1/8Bで表されるので、呼び径は1分（ぶ）となります。8Aは表示は1/4ですが、分母を8とした場合分子は2なので2分（分）と呼びます。

呼び径300Aまでは内径寸法に近く、350A以上は外形寸法に近い値となっています。

左表はJISの圧力配管用炭素鋼鋼管で、通称スケジュール管と呼ばれています。同じ径でも肉厚の異なるものが用意されています。その肉厚を表すのがSch（スケジュール）番号です。スケジュール番号が大きいほど肉厚が厚くなります。圧力の大きい配管ほどスケジュール番号の大きな管を使用します。たとえば、Sch40の場合、およそ4MPa、Sch80の場合、およそ8MPaのように使用可能圧力のだいたいの目安をつけることができます。

要点BOX
- ●鋼管の外形（口径）ごとに呼び径がある
- ●インチサイズでの通称呼びがある

インチサイズの通称呼び

インチサイズ	インチサイズでの通称呼び	インチサイズ	インチサイズでの通称呼び
1/8^{B}	1分(いちぶ)	2^{B}	2インチ(にインチ)
1/4^{B}	2分(にぶ)	2 1/2^{B}	2インチ半(にインチはん)
3/8^{B}	3分(さんぶ)	3^{B}	3インチ(さんインチ)
1/2^{B}	4分(よんぶ)	4^{B}	4インチ(よんインチ)
3/4^{B}	6分(ろくぶ)	5^{B}	5インチ(ごインチ)
1^{B}	インチ	6^{B}	6インチ(ろくインチ)
1 1/4^{B}	インチ2分(インチにぶ)	8^{B}	8インチ(はちインチ)
1 1/2^{B}	インチ半(インチはん)		

JIS G 3454(1988)圧力配管用炭素鋼鋼管の寸法、質量

呼び径		外径	呼び厚さ											
			スケジュール10		スケジュール20		スケジュール30		スケジュール40		スケジュール60		スケジュール80	
(A)	(B)		厚さ mm	単位質量 kg/m	厚さ mm	単位質量 kg/m	厚さ mm	単位質量 kg/m	厚さ mm	単位質量 kg/m	厚さ mm	単位質量 kg/m	厚さ mm	単位質量 kg/m
6	1/8	10.5							1.7	0.369	2.2	0.450	2.4	0.479
8	1/4	13.8							2.2	0.629	2.4	0.675	3.0	0.799
10	3/8	17.3							2.3	0.851	2.8	1.00	3.2	1.11
15	1/2	21.7							2.8	1.31	3.2	1.46	3.7	1.64
20	3/4	27.2							2.9	1.74	3.4	2.00	3.9	2.24
25	1	34.0							3.4	2.57	3.9	2.89	4.5	3.27
32	1 1/4	42.7							3.6	3.47	4.5	4.24	4.9	5.47
40	1 1/2	48.6							3.7	4.10	4.5	4.89	5.1	4.10
50	2	60.5			3.2	4.54			3.9	5.44	4.9	6.72	5.5	7.46
65	2 1/2	76.3			4.5	7.97			5.2	9.12	6.0	10.4	7.0	12.0
80	3	89.1			4.5	9.39			5.5	11.3	6.6	13.4	7.6	15.3
90	3 1/2	101.6			4.5	10.8			5.7	13.5	7.0	16.3	8.1	18.7
100	4	114.3			4.9	13.2			6.0	16.0	7.1	18.8	8.6	22.4
125	5	139.8			5.1	16.9			6.6	21.7	8.1	26.3	9.5	30.5
150	6	165.2			5.5	21.7			7.1	27.7	9.3	35.8	11.0	41.8
200	8	216.3			6.4	33.1	7.0	36.1	8.2	42.1	10.3	52.3	12.7	63.8
250	10	267.4			6.4	41.2	7.8	49.9	9.3	59.2	12.7	79.8	15.1	93.9
300	12	318.5			6.4	49.3	8.4	64.2	10.3	78.3	14.3	107	17.4	129
350	14	355.6	6.4	55.1	7.9	67.7	9.5	81.1	11.1	94.3	15.1	127	19.0	158
400	16	406.4	6.4	63.1	7.9	77.5	9.5	93	12.7	123	16.7	160	21.4	203
450	18	457.2	6.4	71.1	7.9	87.5	11.1	122	14.3	156	19.0	205	23.8	254
500	20	508.0	6.4	79.2	9.5	117	12.7	155	15.1	184	20.6	248	26.2	311
550	22	558.8	6.4	87.2	9.5	129	12.7	171	15.9	213				
600	24	609.6	6.4	95.2	9.5	141	14.3	228						
650	26	660.4	7.9	103	12.7	203								

備考 □ 内は汎用品を示す。

Column

サイフォン式コーヒー

伏越しの説明で、サイフォンと逆サイフォンについて水位差で流れることを説明しました。

サイフォン式のコーヒーの原理について見てみましょう。

サイフォン式コーヒーは、上下二つのガラス容器があり、下の容器には水、上の容器にはフィルターの上にコーヒーの粉が載っています。

この上下二つの容器を、温められたお湯が上がって、下がることで、コーヒーができあがります。

①下のガラス容器を加熱して圧力を上げて、お湯を下から上へ押し上げます。

②加熱を止めると圧力が下がるので、お湯が上から下に移動します。

つまり、サイフォン式コーヒーは、熱と圧力を利用したお湯の上下運動なのです。

しかし、サイフォンの原理や逆サイフォンの原理は、水の高低差を利用した水の移動なので、サイフォン式コーヒーはサイフォンの原理とはいえないのです。

第 5 章

特殊な水道管の工法

51 水管橋

独立水道橋の構造形式

水管橋とは、川や谷を越えて水を運ぶ橋のことで、軽さと強度から鋼管を使用したものが多く、小規模なものでは鋳鉄管を組み合わせたものもあります。

水管橋の形式は、水管橋を単独で架設する独立水管橋と、道路や鉄道などの橋梁に添架する添架水管橋に大別されます。独立水管橋は、通水管を単独で架橋するパイプビーム水管橋と通水管に補剛部材を追設する補剛水管橋に分類され、さらに構造形式が異なる水管橋に分類されます。スパンの適用範囲は、**表1、2**を参考としてください。ここでは代表的な構造形式の水管橋について見てみましょう。

●単純支持形式：水道管自体を単一の梁として架橋したもので、両端に伸縮可とう管を設け、角変位、伸縮を吸収します。最も広く採用されている形式です。

●連続支持形式：中間の橋脚を持つ連続桁とした形式であり、単純支持形式より適用スパンは長い。ただし、温度変化による移動量が他形式より大きくなるので、支承や可とう管の検討が必要となります。

●フランジ補剛形式：水道管の上または下にT・π型などの鋼板を溶接して、断面性能の増加を図った補剛形式です。塗装・溶接作業に注意を要し、フランジ高さが高くなると風の影響を受けるため、適用スパンに限界があります。

●トラス補剛形式：上弦材または下弦材を水道管として使用し、全体をトラス構造とする最も一般的な補剛形式です。

●ローゼ補剛形式：水道管を補剛アーチ橋の補剛桁に利用したもので、アーチ型の弦材の格点から直吊材を下して水道管を吊った形式です。

●斜張橋形式：主桁、主塔、斜吊ケーブル材で構成されています。水管橋としての主桁は剛性を向上させるためにトラス組として、これにより、構造的に安定させ、長支間の水道管とすることができます。

要点BOX
●水道橋には独立水道橋と添架水道橋がある
●パイプビーム（単独）形式と補剛（部材で補剛）形式がある

独立水道橋の形式

表1　パイプビーム水管橋

構造形式	適用範囲
単純支持形式	小スパンに適用
一端固定一端自由支持形式	単純支持形式に比べ長いスパンに適用
両端固定形式	ごく小さいスパンに適用
連続支持形式	長スパンに適用

表2　補剛水管橋

構造形式	適用範囲
フランジ補剛形式	小・中スパンに適用
トラス補剛形式	中・長スパンに適用
アーチ補剛形式	長スパンに適用
斜張橋形式	長スパンに適用

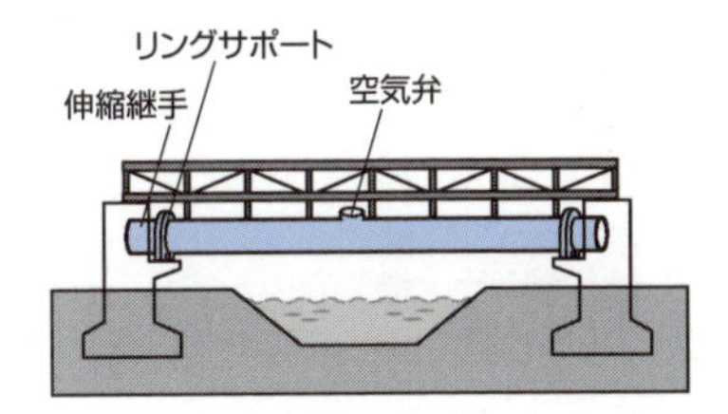

単純支持形式

伸縮継手
リングサポート
空気弁

連続支持形式

補剛材

フランジ補剛形式

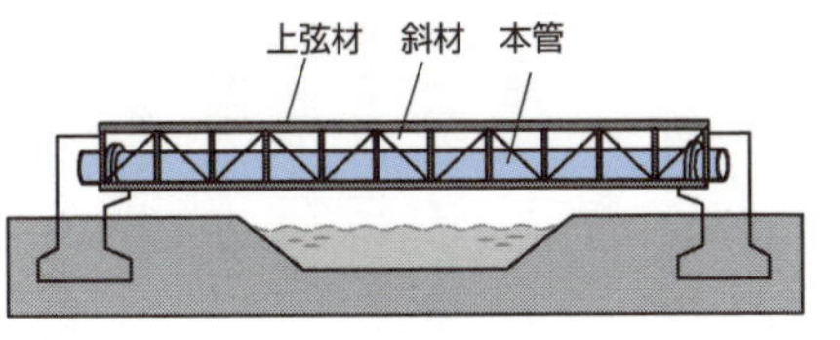

トラス補剛形式

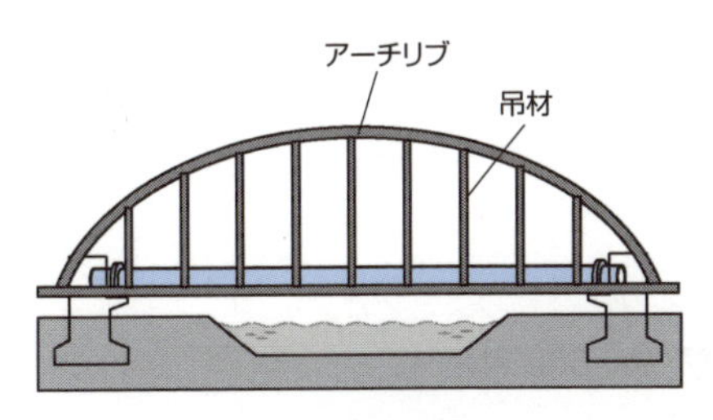

ローゼ補剛形式

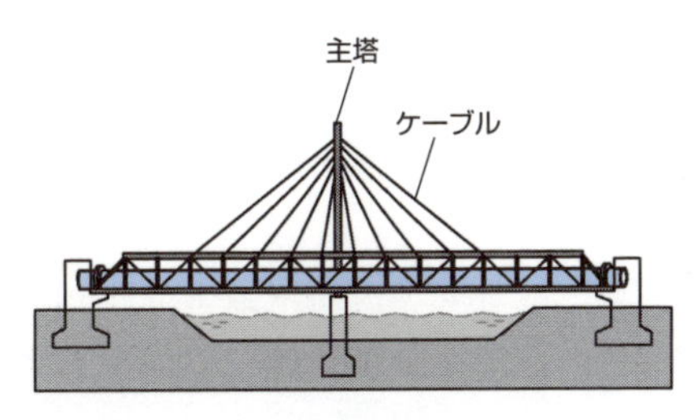

斜張橋形式

52 添架水管橋

道路橋に添架

添架水管橋の構造上の考え方は、支持金具部を支点とする多径間連続支持のパイプビーム形式となります。道路橋を利用するため、工事費が軽減でき、設置位置により桁外添架と桁内添架に大別されます。

地震時における道路橋と水道管の相対変位の対策、空気弁等の付属設備や架設方法の検討が重要となります。

既存の道路橋に添架する場合は、道路橋設計時に想定していない荷重なので、それほど大きな口径の水道管は添架できません。

最もスパンの長い添架水管橋は、明石海峡大橋の添架水管橋です。明石海峡大橋は、神戸市垂水区舞子と淡路市松帆の明石海峡にかかる中央支間長1991mの世界最長の吊橋です。

添架水管橋は、橋梁の変位に追随させなければなりませんが、その最大値は橋軸方向変位±1503mmとなっていました。

管体仕様は、「たわみ性に富むこと」、「継手が離脱しないこと」、「重量ができるだけ軽いこと」から、ステレンス鋼鋼管、直管部の外面はポリエチレン被覆、異形管部はポリウレタン被覆および熱収縮性架橋ポリエチレンチューブとなっています。

一般部の構造は、桁端部以外の一般部の支持形態は、1格間ごとにリングサポートを設けて、橋梁の補剛桁に支持しています。暴風時に生じる中央径間での橋軸直角方向の最大変位は32mですので、暴風時の応力緩和にため、伸縮管を3格間に1か所設置しています。また、伸縮管で区切られた区間ごとに1か所を橋梁と固定する固定支承を設置しています。

大伸縮装置の構造は、連続した2個の可とう管の角折れ変位により、橋軸方向変位を吸収しようとするもので、1600㎜の移動量に対応できるようになっています。大伸縮装置の支持は、配管用ステージ上でリングサポートにて行い、底面は可動型です。

要点BOX

- 添架水道管の最長は明石海峡大橋
- 暴風時の大伸縮量に対応する工夫がある

添架水管橋の構造

鋼橋（桁外添架）

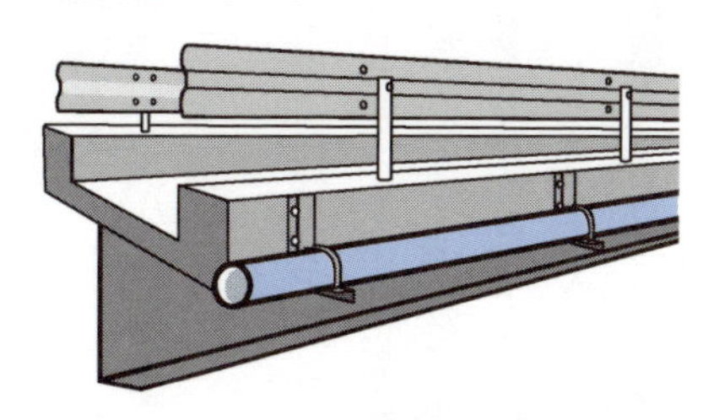

PC橋（桁内添架）

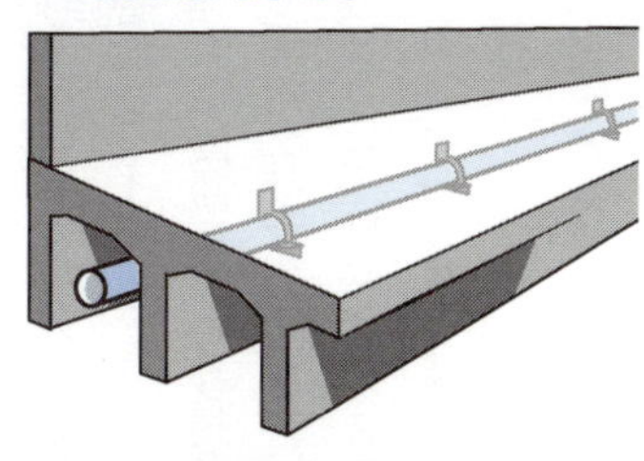

明石海峡大橋の添架水管橋

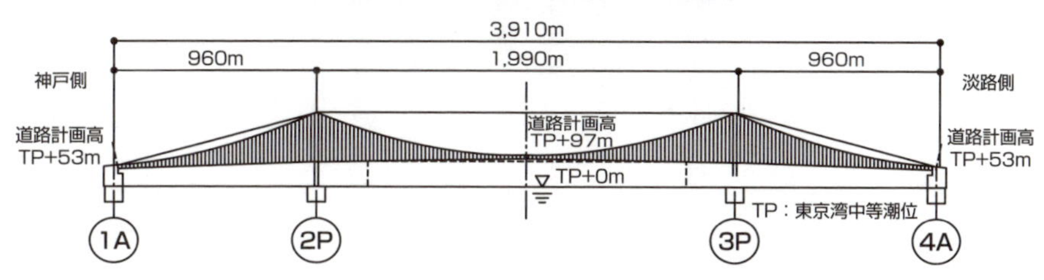

送水管添架断面図（淡路側から神戸側を望む）

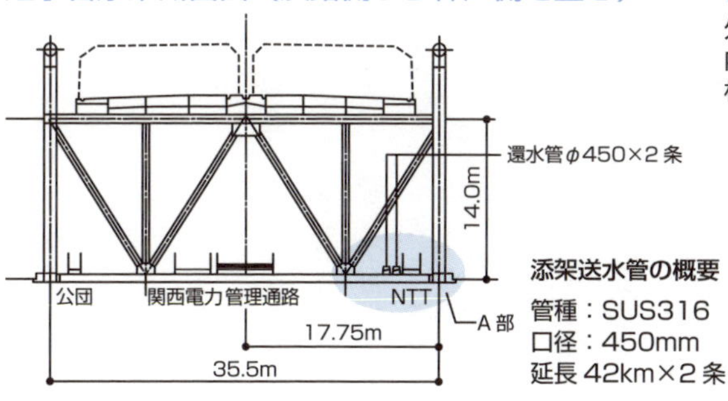

添架送水管の概要

管種：SUS316
口径：450mm
延長 42km×2条

管体標準断面図

外面：ポリエチレン被覆 2.5mm
内面：無塗装
材質：SUS316

ポリエチレン被覆 2.5t
SUS316 6.0t
内径φ 445.2
内径φ457.2
被覆外径φ462.2

大伸縮装置

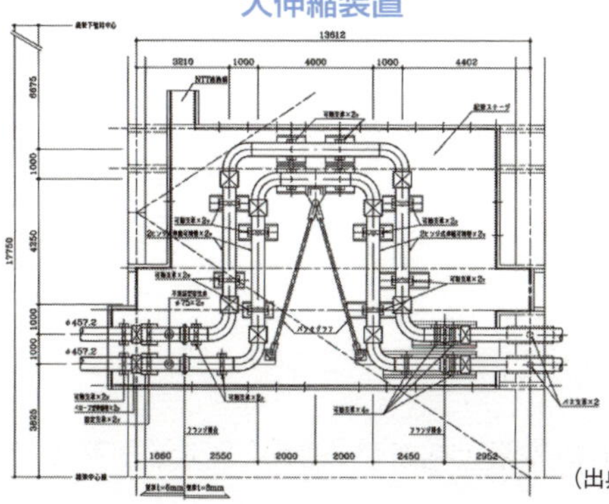

（出典：淡路広域水道企業団HPより）

53 パイプ・イン・パイプ工法

掘削が困難な場合の管路更新工法

パイプ・イン・パイプ工法（P－P工法）とは、既設管をさや管として、その中に新管を挿入する工法です。道路交通事情や地下埋設物などの関係で道路掘削が困難な場合の管路更新工法として採用されています。ここでは、人が管内に入ることができる内径800㎜以上の既設管におけるダクタイル鋳鉄管と巻き込み鋼管によるP－P工法について見ていきます。P－P工法を行う前に次の作業を行う必要があります。

①既設管内クリーニング

・人力作業：既設管が呼び径800㎜以上であれば、人の手で管内クリーニングを行います。

・図1のように爪回転式掻き取り機を回転させて、管内のクリーニングを行います。

②管内調査

・調査項目：挿入管の通過の検討するため、継手屈曲角度・内径・継手部段差の調査を行います。また、トラバース測量を行い、3次元座標を測量します。

・模擬管調査：これはダクタイル鋳鉄管によるP－P工法のみ行われる調査です。図2に示すように、新管2本と受口1個を接合した模擬管をウインチとワイヤでさや管に引き込み、通過性を予め確認します。

●ダクタイル鋳鉄管によるP－P工法

既設管に発進立坑と到達立坑を設け、発進立坑内で新管を接合しながら、さや管内に順次新管を挿入施工するものです（図3）。

●巻き込み鋼管によるP－P工法

鋼管のP－P工法には、普通鋼管による場合と、巻き込み鋼管による場合があります。ここでは巻き込み鋼管についてお話します。

図4のように巻き込んだ鋼管を既設管内に挿入後、既設管内で拡径し、縦方向溶接を行って、円周方向の溶接を行い、鋼管を接続する工法です。新設管の最大口径が、既設管の口径から50㎜程度小さいもので施工ができます。

要点BOX

●PIP工法の前に管内クリーニングと管内調査が必要

●ダクタイル鋳鉄管と巻き込み鋼管の工法がある

パイプ・イン・パイプ(PIP)工法

図1　爪回転式掻き取り機

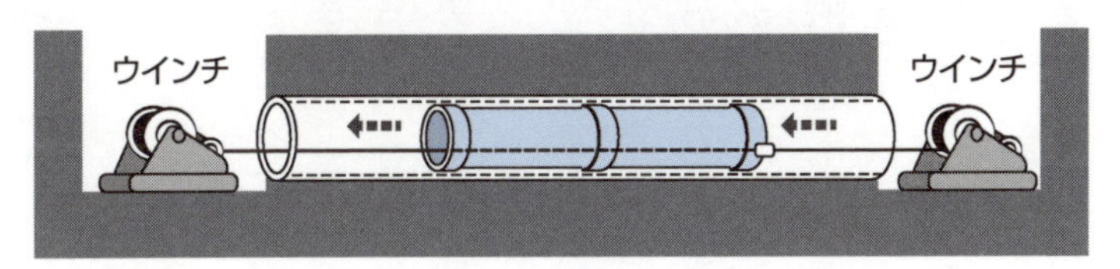

図2　模擬管調査

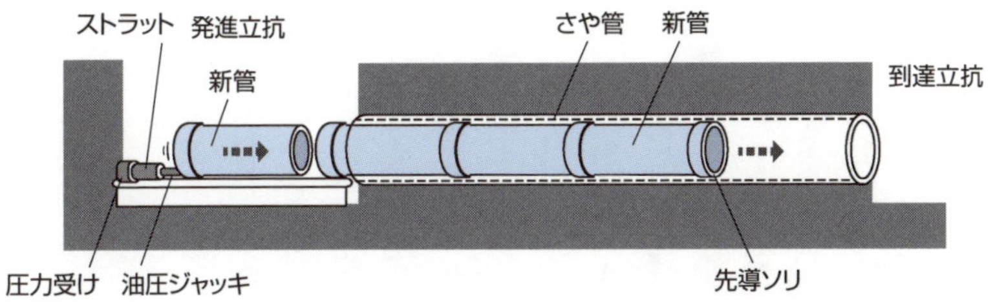

図3　ダクタイル鋳鉄管によるPIP工法

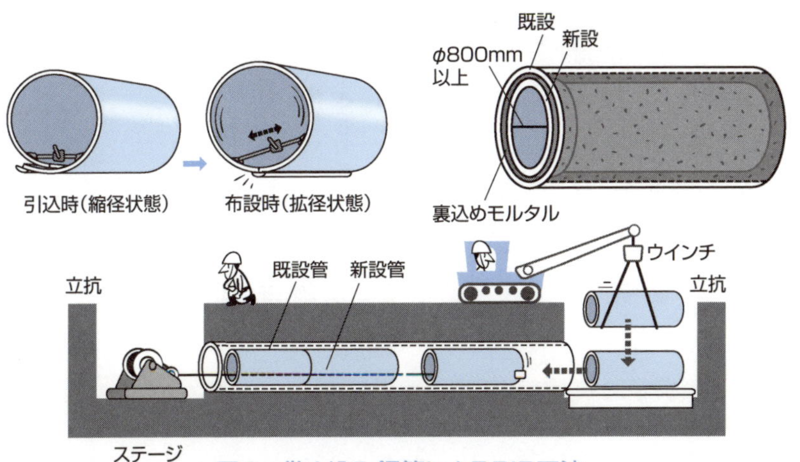

図4　巻き込み鋼管によるPIP工法

54 更生工法

既設管を生かして補強

　更生工法とは、既設管きょに破損、クラック、腐食等が発生し、耐荷力、耐久性の低下および流下能力の保持ができなくなった場合等に、既設管内面に新たに管を構築して、流下能力、耐荷力等の確保を行うものです。
　更生された管きょには、次の構造形式があります。
①自立管：既設管の強度を期待せず、更生管のみで外力に抵抗し、新管と同等以上の耐荷力および耐久性を有します。
②二層構造管：既設管が残存強度を有し、更生管と既設管の二層構造で外力を分担します。
③単独管：自立管や二層構造管のように、既設管と更生管が一体構造とならない管を指します。
④複合管：既設管とその内側の更生管が充填剤により一体構造となって外力に抵抗します。新管と同等以上の耐荷力および耐久性を有します。
　更生工法には次の工法があります。

●反転工法：熱または光等で硬化する樹脂を含浸させた材料を、既設マンホールから既設管内に加圧反転させながら挿入し、既設管内で加圧状態のまま樹脂が硬化することで管を構築します。反転挿入には、水圧や空気圧等によるものがあり、硬化方法も温水、蒸気、光等があります。
●形成工法：熱または光等で硬化する樹脂を含浸させた材料や、熱可塑性樹脂の連続パイプを既設管内に引込み、水圧または蒸気圧で拡張・圧着させた後に硬化することで管を構築します。
●製管工法：既設管内に硬質塩化ビニル材等を嵌合させながら製管し、既設管との間隙にモルタル等を充填することで管を構築します。流下量が少量であれば、下水を流下させながら施工ができます。
●さや管工法：既設管内径より小さな外形の管きょを推進もしくは搬送組み立てにより、既設管内に敷設し、間隙に充填剤を注入して管を構築します。

要点BOX
●既設管の内側に新管を構築して補強
●樹脂注入硬化や充填剤を使う工法などがある

更生工法の種類と工法

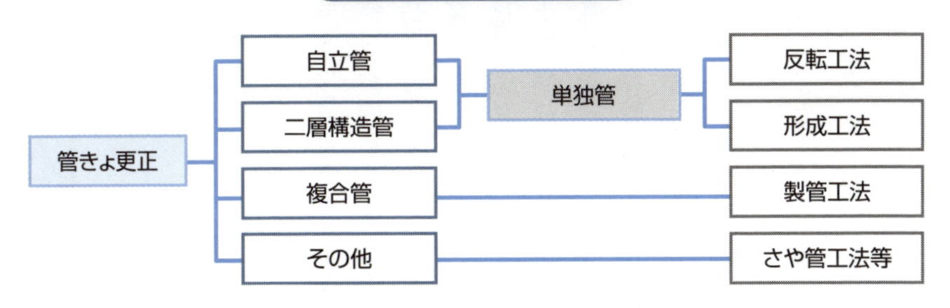

反転工法

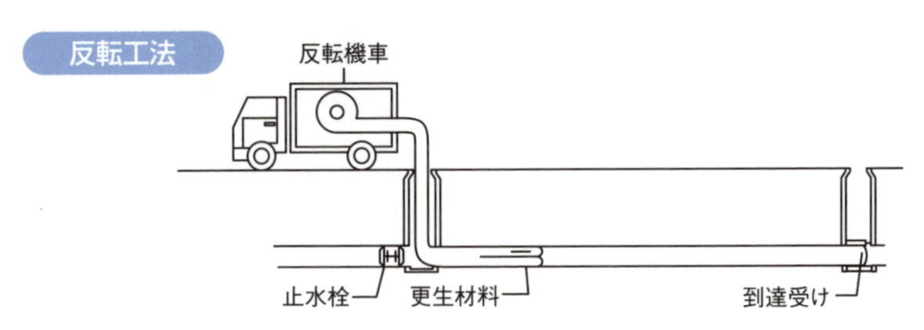

形成工法

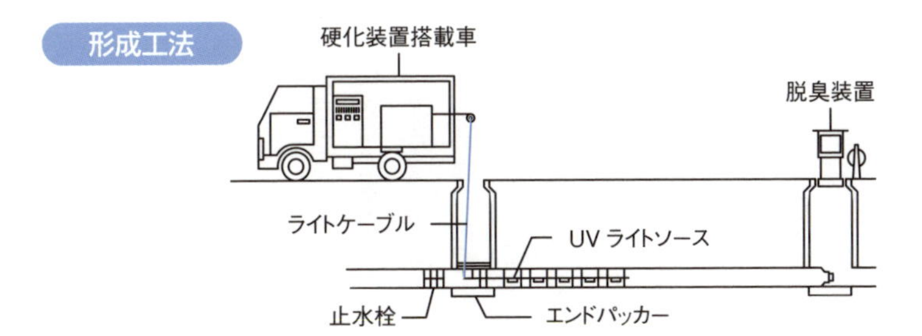

製管工法

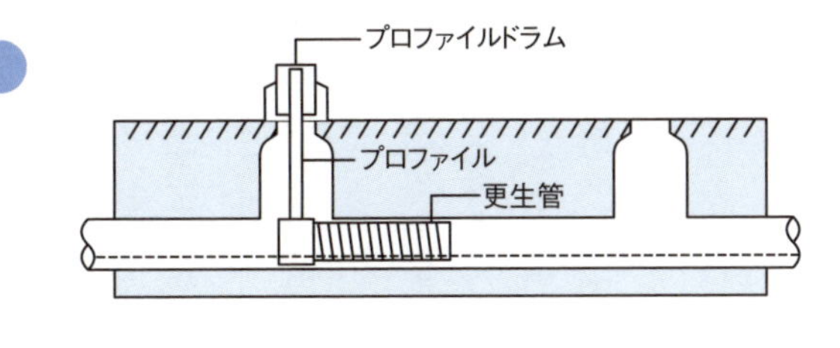

さや管工法

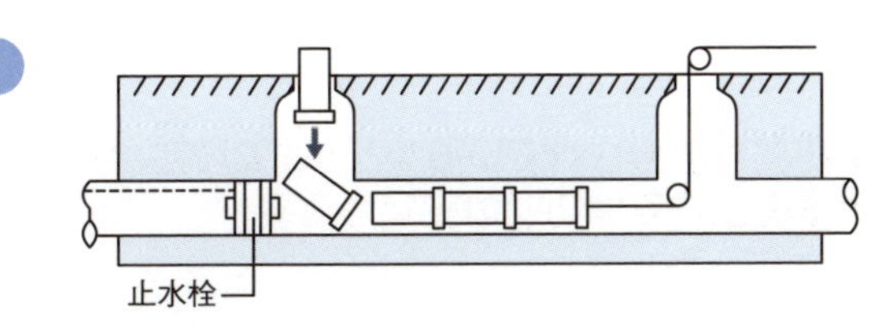

55 推進工法(その1)

油圧ジャッキにより管を押し出しトンネルを構築

推進工法は、計画管の両端に発進立坑と到達立坑を設けます。推進設備を備えた発進立坑から油圧ジャッキにより掘進機を地中に押し出し、掘進機の後続に既製の管を発信立坑から順次継ぎ足します。掘進機と管列を推進することで推進機を到達立坑に到達させ、管の構築を行う工法です。

推進工法は、呼び径700㎜以下の小口径管推進工法と、呼び径800㎜以上の大中口径管推進工法および改築推進工法に分類されます。

大中口径管推進工法は、切羽(最先端箇所)が開放状態になっているか否かで、開放型と密閉型に分類され、さらに密閉型は、切羽の安定方法、土砂の搬出方法等によって、泥水式推進工法、土圧式推進工法および泥濃式推進工法に分類されます。

●刃口推進工法:管の先端に刃口を装着し、開放状態の最先端面の切羽を一般に人力で掘削します。そのため、切羽地山の自立が条件となり、切羽からの湧水や地山の自立が困難な場合には、薬液注入などの補助工法が必要となります。

●泥水式推進工法:隔壁で密閉された掘削機の前部に泥水を満たし、その圧力を全面の土圧や地下水に見合う圧力とすることで切羽を安定させます。適用土質は、粘性土、砂質土、砂礫土等の幅広い土質に適用できます。

●土圧式推進工法:泥水式推進工法が、泥水で切羽の安定を図るのに対して、掘削土砂あるいは掘削土砂と添加材の混合土を充填、その圧力を土圧や地下水に見合う圧力として、切羽を安定させます。適用土質は、泥水式推進工法と同等です。

●泥濃式推進工法:泥水や掘削土砂の代わりに、圧送充満した高濃度の泥水を掘削した土砂に撹拌混合した流体泥濃で、掘進機内の排土バルブを開閉調整して、切羽を安定させます。適用土質は、泥水式推進工法、土圧式推進工法と同等です。

●切羽が解放されているかどうかで種類が異なる
●推進工法では切羽の安定が重要

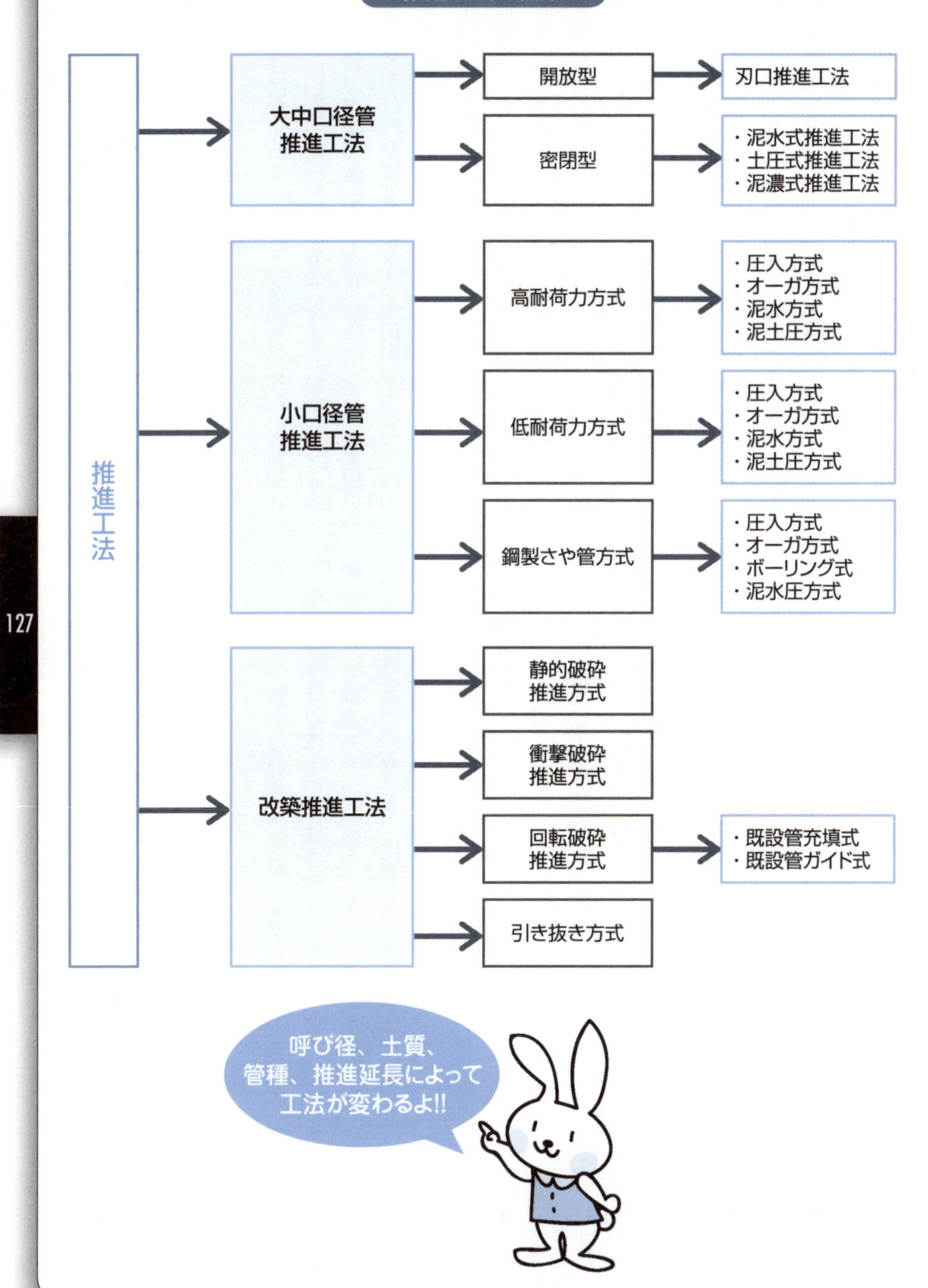
推進工法の種類
推進工法
大中口径管
推進工法
開放型
刃口推進工法
密閉型
・泥水式推進工法
・土圧式推進工法
・泥濃式推進工法
小口径管
推進工法
高耐荷力方式
・圧入方式
・オーガ方式
・泥水方式
・泥土圧方式
低耐荷力方式
・圧入方式
・オーガ方式
・泥水方式
・泥土圧方式
鋼製さや管方式
・圧入方式
・オーガ方式
・ボーリング式
・泥水圧方式
改築推進工法
静的破砕
推進方式
衝撃破砕
推進方式
回転破砕
推進方式
・既設管充填式
・既設管ガイド式
引き抜き方式
呼び径、土質、
管種、推進延長によって
工法が変わるよ!!

56 推進工法（その2）

既設管を破壊して敷設する改築推進工法

小口径推進工法は、前ページのように三つに分類され、さらに掘削および排土方式により大別されます。

●高耐荷力方式：高耐荷力管（鉄筋コンクリート管、ダクタイル鋳鉄管、陶管等）を用い、推進方向の管の耐荷力に対して、直接管に推進力を負荷して推進する施工方式です。

●低耐荷力方式：低耐荷力管（硬質塩化ビニル管等）を用い、先導体の推進に必要な推進力先端抵抗を推進力伝達ロッドに作用させ、管には土との管外周面抵抗力（以下、「周面抵抗力」という）のみを負担させることにより、推進する施工方式です。

●鋼管さや管方式：鋼製管に直接推進力を伝達して、これをさや管として用いて、鋼製管内に硬質塩化ビニル管等の本管を敷設する方式です。

改築推進工法は、構造的または機能的に低下した下水管きょを、推進工法により破砕・排除しながら、新管を既設管の位置に敷設する工法です。改築推進工法には、静的破砕推進方式、引き抜き方式、衝撃破砕推進方式、回転破砕推進方式、引き抜き方式があります。

●静的破砕推進方式：破砕ヘッドをチェーンまたはロッドで既設管に引き込み、内面から破砕する方式で、新設管は牽引または押し込みにより敷設します。

●衝撃破砕推進方式：圧縮空気を動力源とした破砕装置の衝撃により、既設管の鉄筋、コンクリートなどを切断、破砕しながら鋼管を推進します。

●回転破砕推進方式（既設管充填式）：既設管をセメントミルク等で予め充填した後、既設管の全部および一部を切削・破砕して新管を推進します。

●回転破砕推進方式（既設管ガイド式）：既設管内に下水流下配管や推進ガイド装置を設置した状態で既設管の切削・破砕しながら新管を敷設します。

●引き抜き方式：既設管の外形より大きい管を推進し、既設管をそのまま又は破砕して内側に取り込んで回収します。

要点BOX

●小口径推進工法は掘削と排土方式による大別
●改築推進工法は既設管の破砕方法で分類

推進工法の方式

図1　静的破砕推進工法

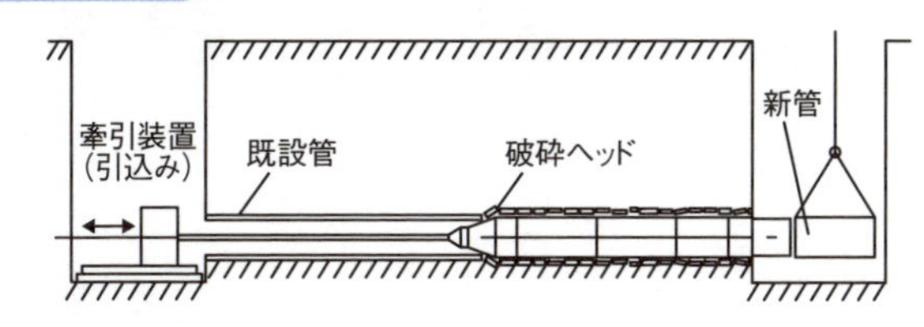

図2　衝撃破砕推進工法

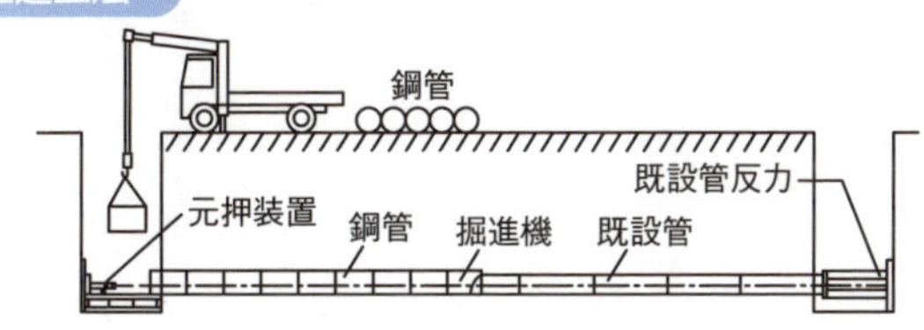

図3　回転破砕推進方式（既設管充填式）

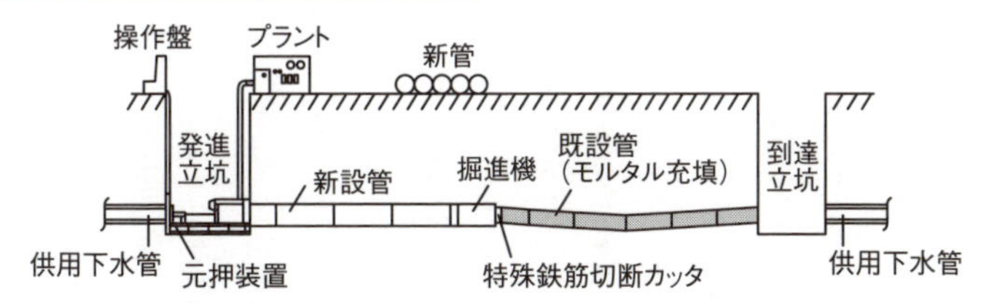

図4　回転破砕推進方式（既設管ガイド式）

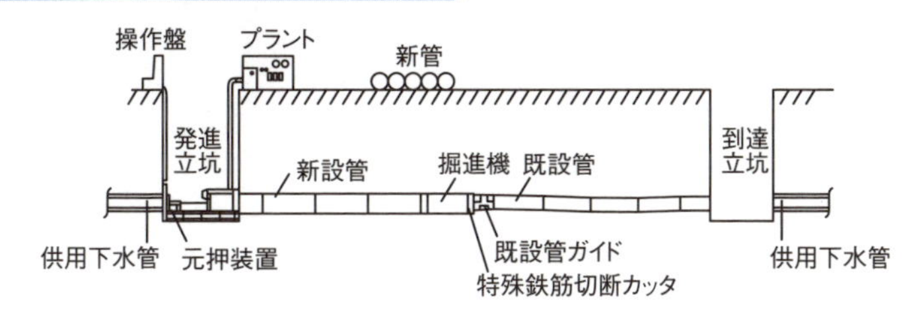

図5　引き抜き方式

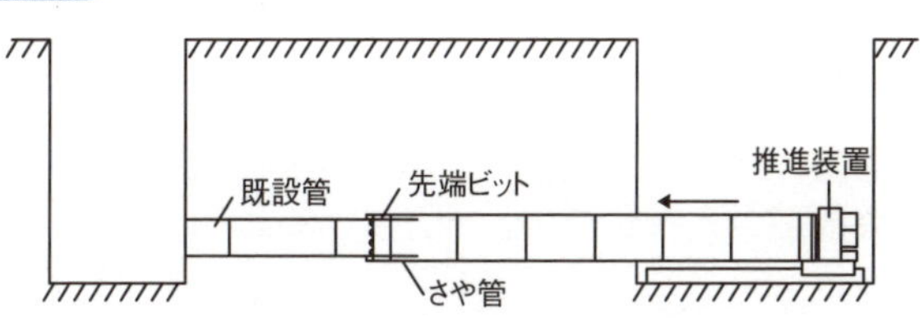

57 シールド工法

地盤崩壊を鋼製円筒で防ぐトンネル工法

シールド工法とは、トンネルを作る工法の一つです。地盤の崩壊を防ぐため、鋼製円筒（シールド）の中で、掘削しながら、すでにできあがったセグメントを反力にして、推進用ジャッキでシールドを前進させ、セグメントを組み立てていく工法です。

シールド工法は、切羽と作業室を分離する隔壁構造から、開放型、密閉型に分類されます。

●全面開放型：切羽と作業室を分離しない開放型は、切羽の自立を前提としているため、自立しない切羽については、薬液注入などの補助工法により、自立させる必要があります。掘削方法に、手掘式シールド工法、半機械掘り式シールド工法、機械掘り式シールド工法があります。

全面開放型では、切羽の安定を損なわないために、セグメントの組み立てが完了したら、速やかに掘削・推進を行い、切羽の解放時間を少なくする必要があります。

●部分開放型：部分開放型として、ブラインド式シールド工法があります。切羽を大部分閉塞するが、その一部に土砂取り出し口を設け、土砂の流入を調節して、切羽の安定を図る構造となっています。

●密閉型：掘削と推進を同時に行うので、土砂の取り込みすぎや、チャンバ内の閉塞を起こさないように、切羽の安定を図りながら、掘削と推進速度に注意する必要があります。密閉型は、補助工法への依存度が少ない工法です。

土圧式シールド工法は、機械掘式シールドの前部に隔壁を設け、カッターチャンバ内とスクリューコンベアに泥土化した掘削土砂を充満させることによって切羽を安定させる工法です。

泥水シールド工法は、土砂の土圧・水圧に対抗してチャンバ内に圧力をかけた泥水を充満・加圧し切羽の安定を図るとともに、泥水を循環させて掘削土を液体輸送します。

要点BOX
●推進用ジャッキでシールドを先進させる
●開放型と密閉型のシールドがある

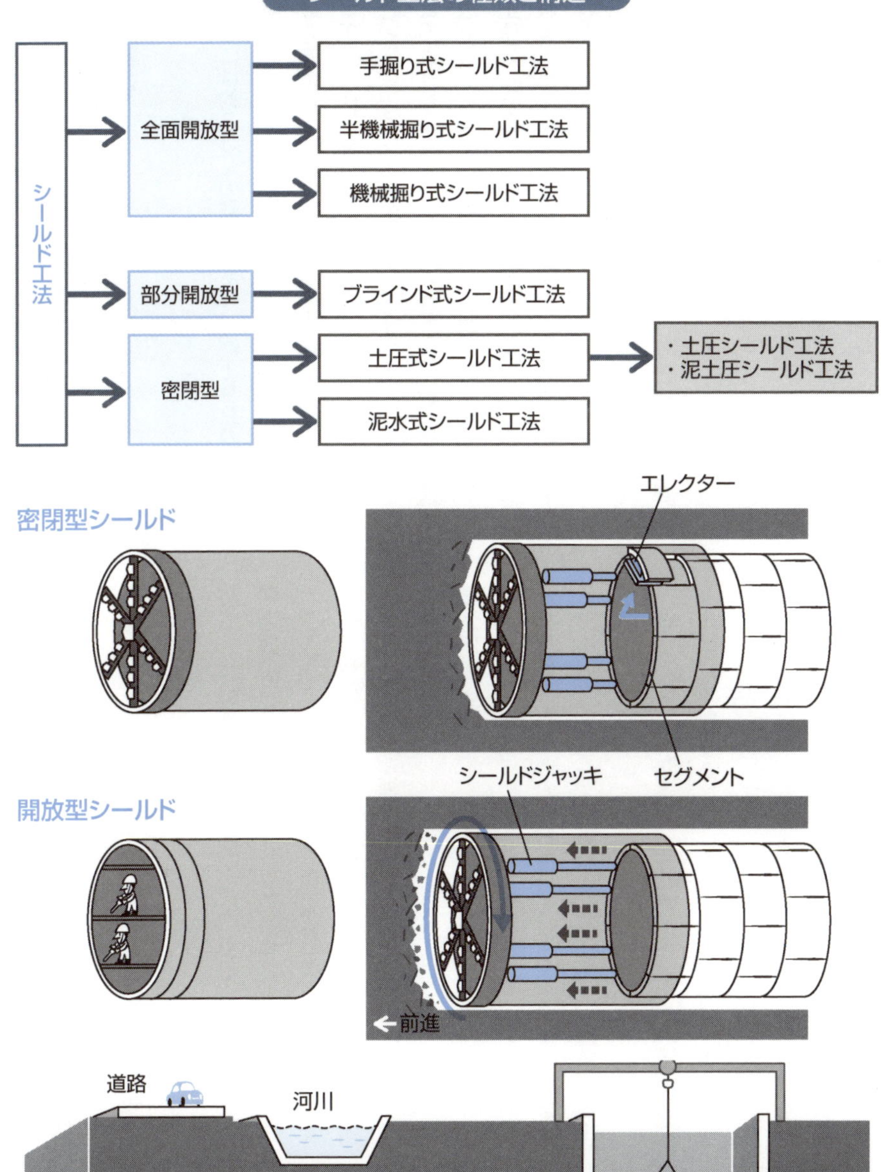
シールド工法の種類と構造
シールド工法
全面開放型
部分開放型
密閉型
手掘り式シールド工法
半機械掘り式シールド工法
機械掘り式シールド工法
ブラインド式シールド工法
土圧式シールド工法
泥水式シールド工法
・土圧シールド工法
・泥土圧シールド工法
密閉型シールド
エレクター
シールドジャッキ
セグメント
開放型シールド
前進
道路
河川
シールド機
立坑

58 海底配管

離島への水道管整備

日本には約500の離島があり、約166万人の人々が暮らしています。周りを海で囲まれた離島の生活で最も不可欠なインフラとして水道の整備が挙げられます。水は、飲料水、洗濯、入浴、トイレの洗浄水といった生活に不可欠なものです。

このような水道水を確保するため、離島への送水方法として、海底配管工法が採用されます。海底配管工法は、気象・海象などの厳しい自然条件にさらされるため、十分な現地調査と、情報収集、事前検討を行う必要があります。

情報収集は、気象・海象・海上交通・航路・漁業・海洋調査測量会社による潮流・海底地質など多岐にわたります。

海底配管の敷設工法を大別すると、下記の方法があります。

●敷設船工法（レイバージ工法）
敷設船の上で鋼管を溶接接合し、その都度、敷設船を移動させながら沈設していく工法です。

●浮遊曳航法（フローティング工法）
陸上または海上で製作した長管を、海に浮かせた状態で敷設する位置まで曳航して接合します。台船上で先に敷設した海底配管を浮上させて洋上溶接して沈設します。

●海底曳航法（ボトムプル工法）
陸上にパイプヤードを作り、パイプヤード上で製作された長管を沖合の曳船用パージ（海上固定）、または対岸のウインチによって海底を曳航して敷設する工法です。

日本では、消防法、港湾法によって、海底配管は基本的に埋設することになっており、埋設深さ1～2mが一般的な深さとなっています。特に、港内、航路など船舶の航行がある場合の敷設については、埋設深さ決定のため、工事前に船舶による投錨試験が行われて安全性を確かめています。

要点BOX
●厳しい自然状況のため十分な調査検討が必要
●日本では海底配管は埋設する

海底配管工法

図1　敷設船工法（レイバージ工法）

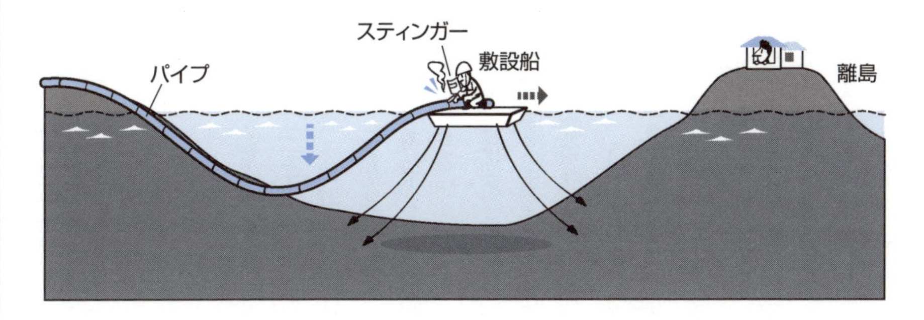

図2　浮遊曳航法（フローティング工法）

図3　海底曳航法（ボトムプル工法）

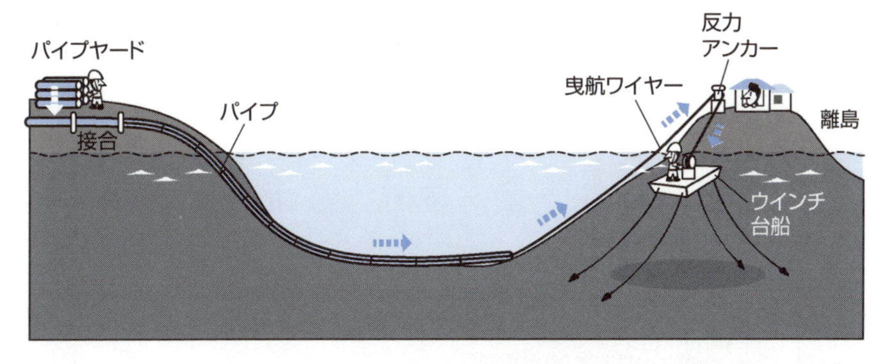

（出典：「日鉄住金パイプライン&エンジニアリング株式会社」資料より）

59 沈埋工法

溝に管を沈めて安定液で固化

ここで紹介する沈埋工法は、掘削面を安定液で満たして掘削を行うプラス工法です。

この工法は、鋼矢板など山留めの代わりに、掘削安定液（泥水）を満たしながら掘削を行い、ボックスカルバートや管・人孔を吊り下ろし、周囲にセメントを混ぜて固める工法です。

通常沈埋工法の施工は次のように行います。

①ガイドウォール築造工：土留めをしないため、表土の崩壊を防ぐため、管組立架台の支持、掘削目標とするためにガイドウォールを築造します。
②人孔部掘削工、人孔沈埋工、人孔固化工：人孔部を掘削し、人孔を沈埋し、人孔部を固化します。
③管路掘削工：管路部の掘削を行います。
④管組立工：掘削面の上部の管組立架台に管を水平に降下できるように架台に管を吊ります。
⑤管路沈埋工：管路を沈埋します。
⑥管路固化工：管路部を固化します。
⑦人孔管路接続工：人孔部から15㎝～30㎝ほど掘削、人孔と管路部を短管で接続し、地山の隙間と人孔と短管の隙間をセメントスラリーで間詰めします。

その他の水中での接続工法として次があります。

油圧式水中接続工法：先に沈埋した受口部に取り付けたガイドパイプに、次に沈埋する差し込み部にセットした油圧式水中接続機のガイド管を通して沈埋し、双方の高さおよび法線を合わせ、水中接続機の油圧シリンダーを作動することで安定液中で接続します。

吸引式水中接続工法：先に沈埋した受口部に取り付けたガイドパイプに、次に沈埋する差し込み部にセットしたガイド管を通して沈埋し、双方の高さおよび法線を合わせ、管内の安定液を地上に設置したサクションポンプにて吸い上げることにより安定液中で接続します。

この他、ボックスカルバートの水中接続の方法として、セクション式沈埋工法があります。

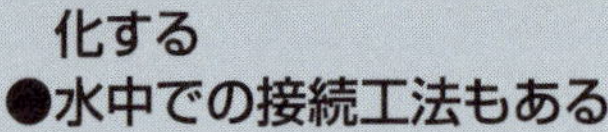

●ボックスカルバートや管を吊りおろして沈埋、固化する
●水中での接続工法もある

沈埋工法

①ガイドウォール築造工

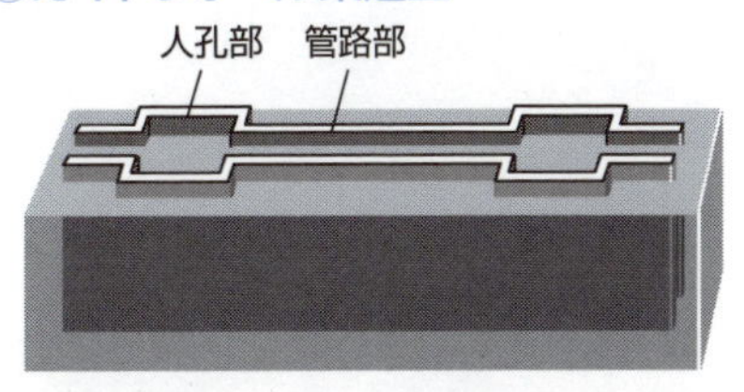

②人孔部掘削、人孔沈埋工

③管路部掘削工

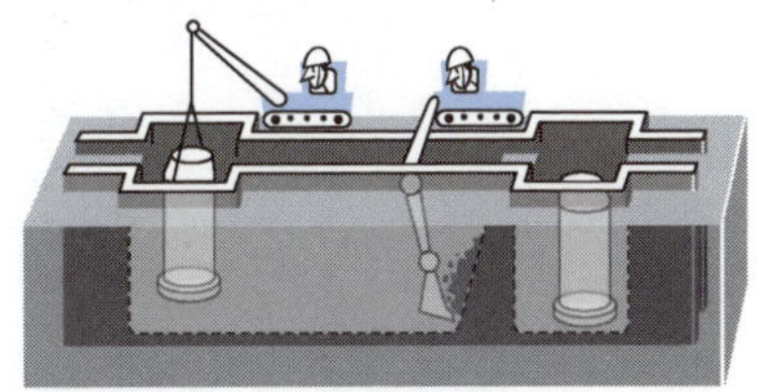

④管組立工

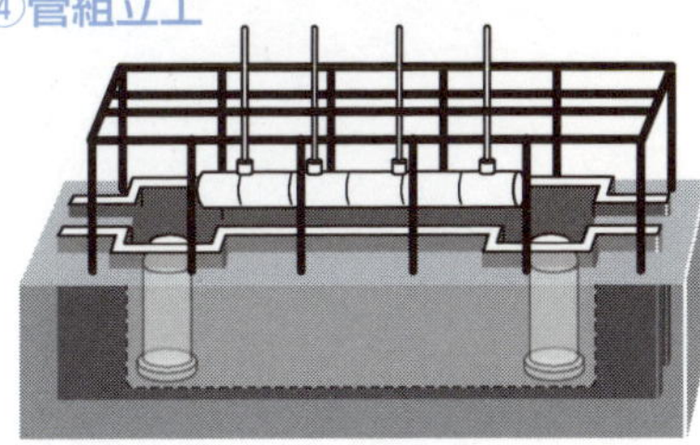

⑤管路沈埋工

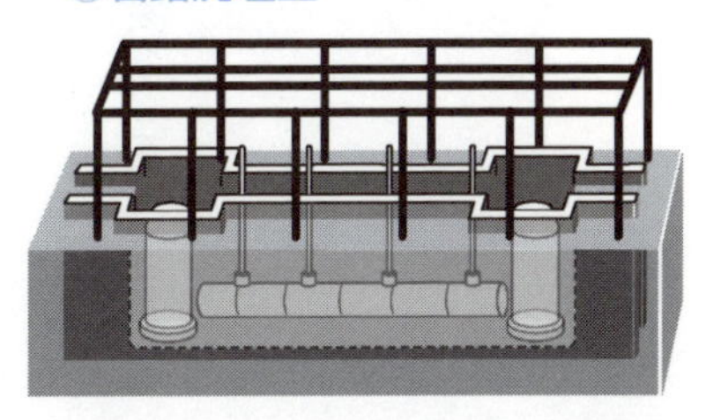

⑥管路固化工

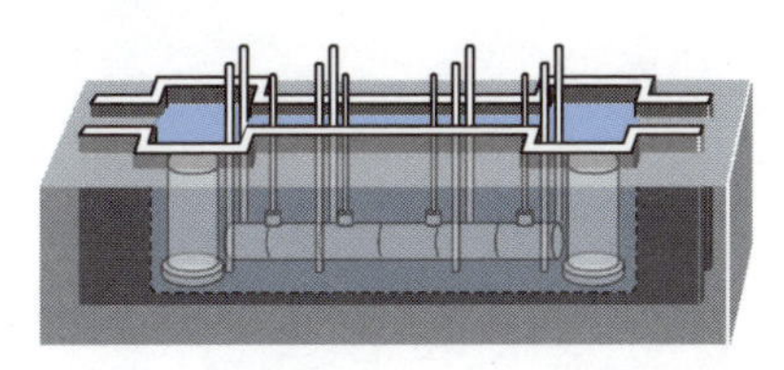

⑦人孔管路接続工

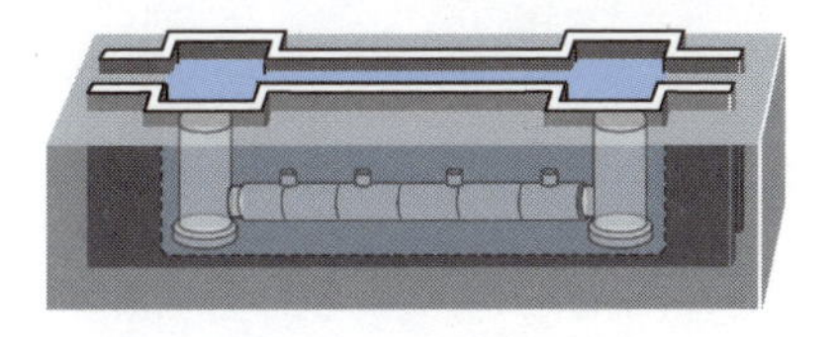

油圧式水中接続工法

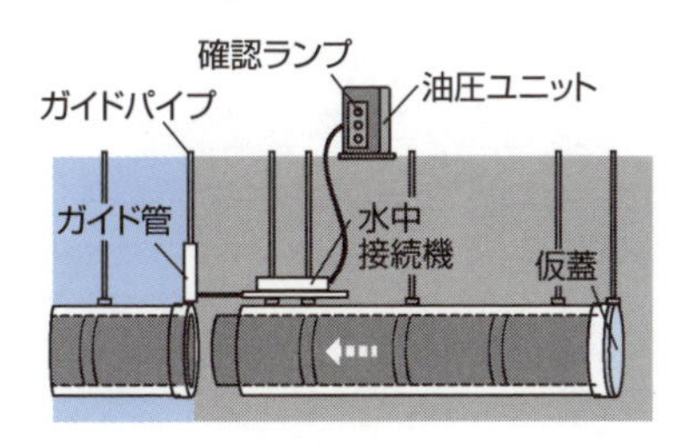

吸引式水中接続工法

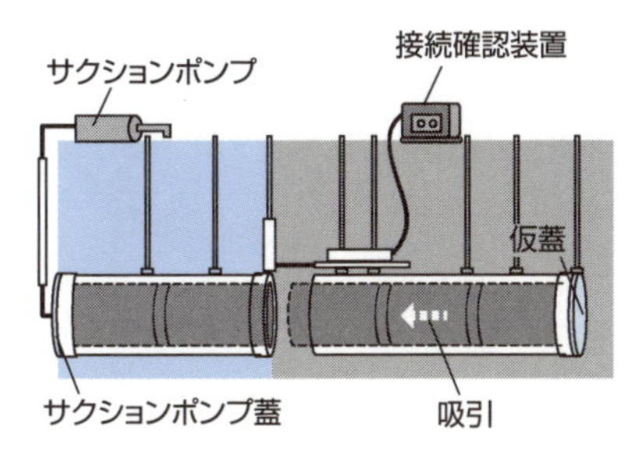

※ボックスカルバートの水中接続の方法もあります。

（出典：ライト工業株式会社資料より）

Column

人の血管と上下水道

人の体の血管は、まさに水道管の役目をしています。血管は行きが動脈と呼ばれる水道管で、帰りが静脈と呼ばれる下水管にたとえることができます。

心臓（ポンプ場）を出た血管は、腕の動脈、頭の動脈、お腹の動脈から、足の動脈に分かれていきます。上水道の配管でいえば配水本管にあたります。そして、水道配管でいえば、配水小管、給水管とだんだん小さな配管になるように、人の動脈から分かれた血管は、最後は細胞の一つ一つをあぜ道のように取り囲む細動脈となり、血管を細胞に供給して終点となります。

帰り道である静脈はこのあぜ道が起点です。二酸化炭素や燃えカスを細胞から取り込んだ汚い血液は徐々に集まって大きな流れとなり、最後は大動脈（下水道でいえば幹線）となって右側の心臓に帰っていきます。

この汚い血液は、右の心臓（ポンプ場）から肺（下水処理場と浄水処理場）に送られて再びきれいになって、また左の心臓から全身に送られます。まさに水道システムそのものではないでしょうか？

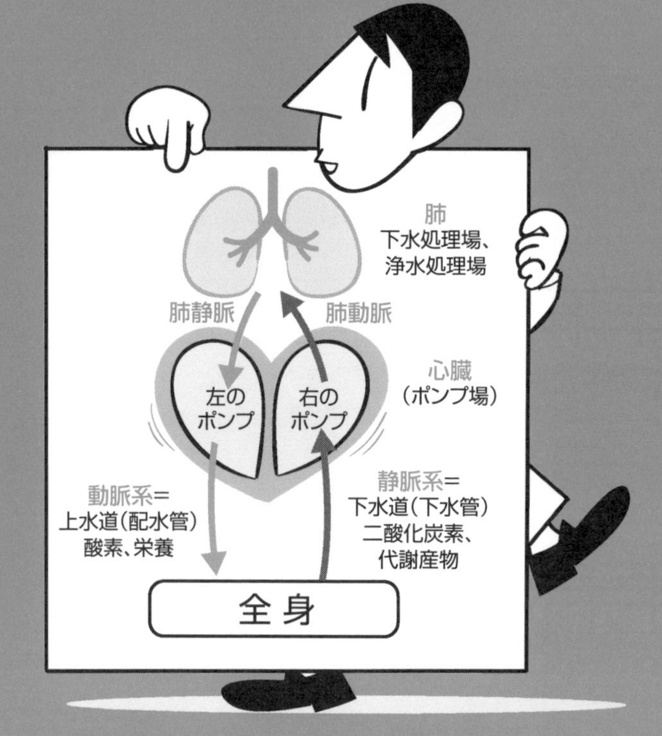

第6章

水道管トラブル

60 キャビテーション

圧力差で生じる気泡によるトラブル

キャビテーションは、液体がたとえ室温であっても、流体の静圧が局所的に低下したときに気泡が発生する現象です。

配管でキャビテーションが発生して問題となる箇所は、オリフィス部（流量と圧力を調整する装置）とバルブ部です。ここでは、オリフィス部で発生するキャビテーションを見てみましょう。

①オリフィスに流入した流体は加速され、それに伴いベルヌーイの式に従い局所的に静圧が低下します。
②静圧が蒸気圧以下に低下して、気泡が発生します。
③キャビテーション気泡がオリフィス下流に移動し、流路拡大により流速が低下して圧力が回復します。
④飽和蒸気圧を上回ると気泡が消滅します。この消滅の速さは極めて速く、局所的に高い圧力が発生します。このように流体が配管材等に繰り返し衝突することにより、表面が機械的に損傷を受け、その一部が脱離していく現象をキャビテーションエロージョン（壊食）といいます。

このようなキャビテーションによる事故は、過去に何度も繰り返し発生しています。ここでは、次の実際に発生した過去の事故について見てみましょう。

〈事故発生日時：2000年4月7日〉
〈発生場所：関西電力美浜発電所2号機〉

この事故は、格納容器内の抽出配管からの水漏れが発生したものです。抽出配管は、オリフィスの出口側で発生したキャビテーションにより、エロージョンが起こり、付近の配管全体に振動が発生しました。その結果、溶接部にひびが入り、放射能を含んだ水が漏れたのです。

キャビテーションによる損傷を防ぐ方法として、キャビテーションの泡が発生しにくい構造とする、泡が発生してもそれが構造物の壁から離れた水中で消滅するような構造とする、キャビテーション浸食に対して強く、損傷を受けにくい材料を使用する等があります。

●キャビテーションはオリフィス部とバルブ部で問題化する
●キャビテーションによる事故は繰り返し起こる

オリフィス部で発生するキャビテーション

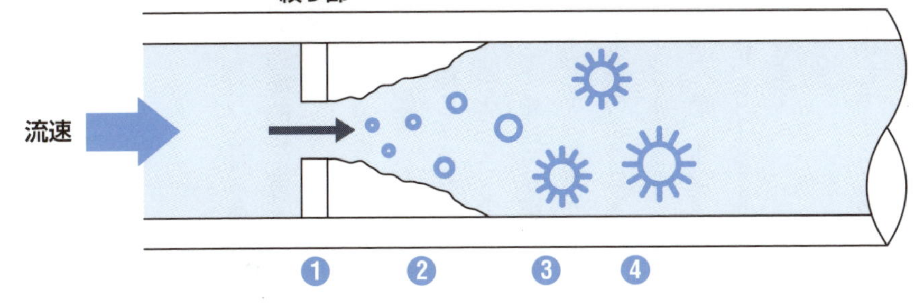

「圧力エネルギー」+「運動エネルギー」+「位置エネルギー」= 一定

位置(高さ)が同じであれば、運動エネルギー(速度)が大きくなるほど、圧力エネルギーが小さくなります。

❶ 絞り部で流速増加 → 圧力低下
❷ 圧力が飽和蒸気圧を下回る → 気泡発生(減圧沸騰)
❸ 絞り部下流で流速低下 → 圧力回復
❹ 圧力が飽和蒸気圧を上回る → 気泡消滅

格納容器内の抽出配管の漏洩

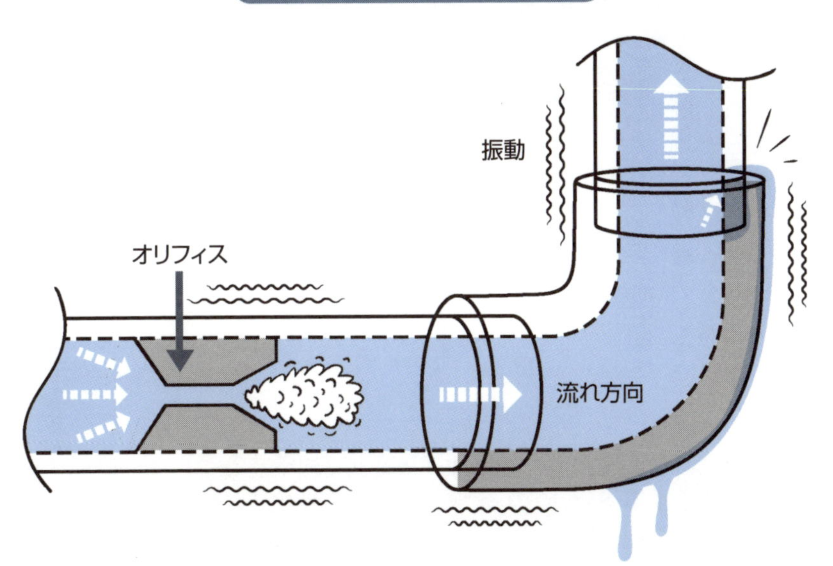

61 ウォーターハンマ

流速の急激な変化で管内圧力が上下する

ウォーターハンマとは、流速の急激な変化により、管内圧力が過度的に上昇または下降する現象をいいます。

ウォーターハンマが生じると、配管内の上昇圧により、管路のポンプ、配管、バルブ、継手、配管支持などが破壊される場合があります。また、圧力降下によって、管路が凹んだり、水中分離に伴う二次的な圧力上昇によって、管路等が破壊される場合もあります。

ウォーターハンマの対策としては、急激な流速の変化を防止する次のような方法があります。

①ポンプにフライホイール

停電などで、急にポンプが停止しないように、ポンプの回転体にフライホイール（**図1**）を付加してゆっくりと停止させます。

②サージタンク

配管の途中にサージタンクを設置して、水柱分離したときにサージタンクから配管へ水を供給します（**図2**）。

③空気弁

配管の途中に空気弁を設置して、水柱分離が発生したときに、大気から配管へ空気を供給します。

④配管口径のサイズアップ

流速を遅くして、急激な流れの変化を小さくします。

⑤緩閉式逆止弁

逆流を徐々に閉塞して、圧力上昇を緩和させます。

⑥急閉式逆止弁

逆流が起こる直前の流速が遅くなったときに、急閉する方法で、逆流開始が速い管路に用いられます。

⑦コーン弁またはニードル弁

停電と同時にコーン弁またはニードル弁の油圧操作機構により、バルブ開度を制御し自動に緩閉します。

⑧配管による方法

図3のように、ポンプからすぐに上って長い水平配管とせず、破線のように配管を低く水平に布設して上る配管とします。

●急激な流速の変化を防止することで対策する
●フライホイール、サージタンク、空気弁などを使う

ウォーターハンマの対策

図1　フライホイール

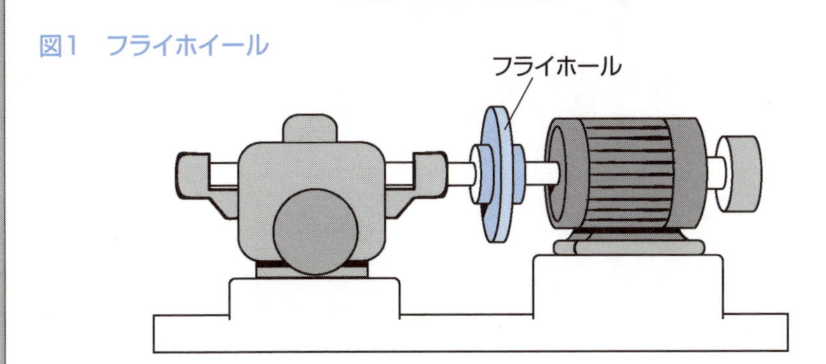

図2　サージタンク

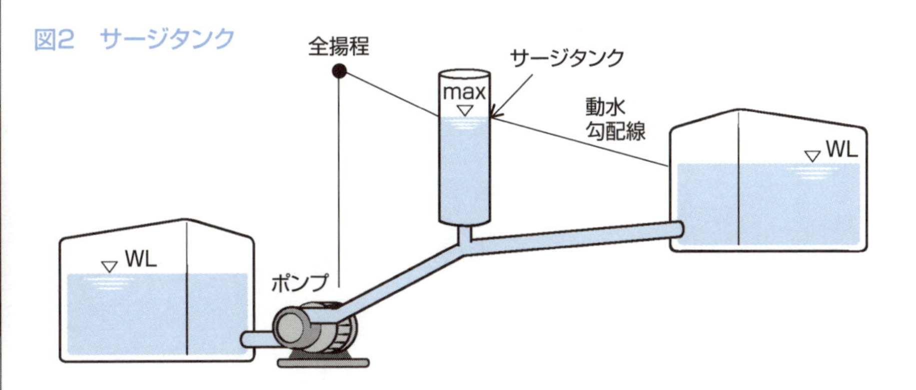

図3　配管による方法

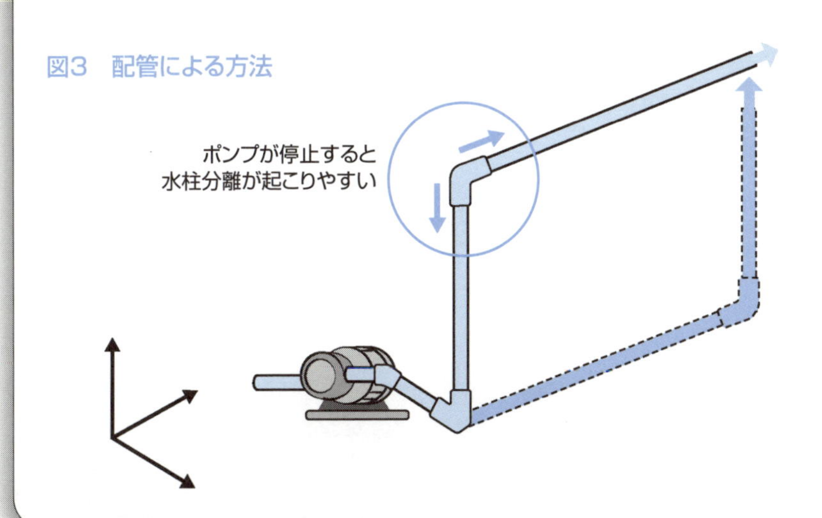

62 赤水、青水、白水、黒水

水道水の着色トラブル

【赤水】原因：主な赤水の原因は、鉄管の水道管の錆が原因です。断水後やしばらく水道を使っていないときなどで赤水が出ることが多いです。

対策：しばらく水を出したままにすると、きれいな水に戻ります。給水管の水道用亜鉛めっき鋼管が古くなると配管の腐食が考えられるので、給水管を交換したほうがよいです。

安全性：水道水質基準で鉄の量に関して0.3mg/L以下となっています。

【青水】原因：青水問題は、銅管から銅イオンが溶出することで発生します。しかし、お風呂に溜めたお湯が青く見えるのは、光には水に対して赤い光は透過し、青い光は乱反射しやすい性質があるため、人間の目には青く見えるだけです。

対策：容器などに青い付着物が付いて水が青く見える場合は、銅管類から銅が溶けだしている可能性がありますので、銅管を取替えてください。

安全性：水道水質基準で銅の量に関して1.0mg/L以下となっています。

【白水】原因：白色がすぐに消える場合は、水道水に巻き込まれた空気の泡で、水道水の異常ではありません。静置しても白い色が消えない場合は、亜鉛めっき鋼管などの亜鉛が溶けだした可能性があります。

対策：症状が重い場合は、給水器具の取替えを行ってください。

安全性：水道水質基準で亜鉛の量に関して1.0mg/L以下となっています。

【黒水】原因：井戸水などの使用で、浴室のタイル目地が黒く変色することがあります。これはマンガンを多く含むことによるものです。

対策：井戸から水道に変更する方法や除マンガン装置を取り付ける方法があります。

安全性：水道水質基準でマンガンの量に関して0.05mg/L以下となっています。

要点BOX

●赤水は錆で配管の腐食が原因の場合もある
●青水は銅イオン、白水は気泡、黒水はマンガン

水道水の着色と考えられる原因物質

水道水の色	考えられる原因物質	水道水質基準
赤色	鉄	0.3mg/L 以下
青色	銅	1.0mg/L 以下
白色	亜鉛	1.0mg/L 以下
黒色	マンガン	0.05mg/L 以下

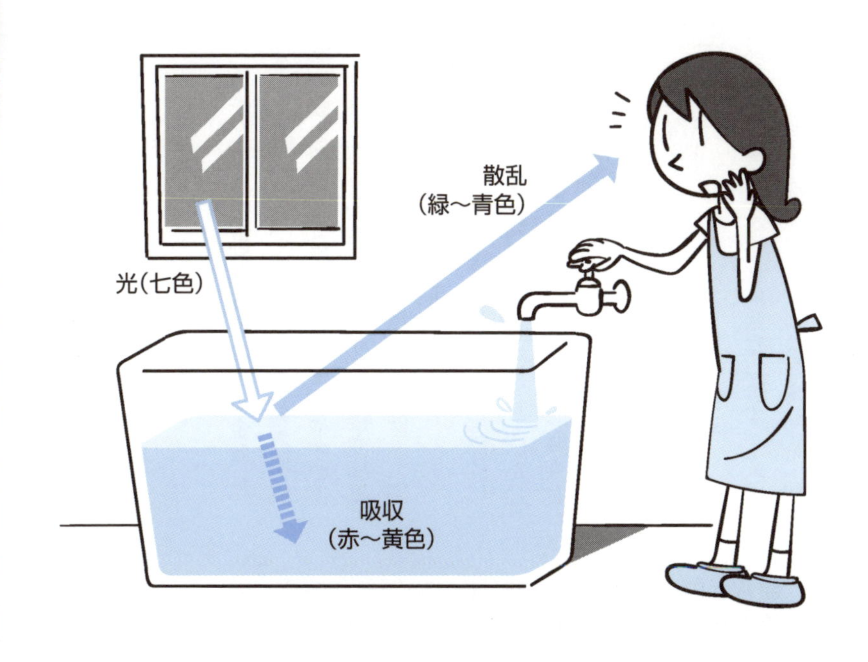

63 金属の腐食

湿食と乾食

配水管等に使用される金属の腐食は、使用環境において、化学的あるいは電気化学的な反応によって浸食される現象が腐食です。このとき、水が関与する場合を湿食といい、水が関与しない場合を乾食といいます。湿食は水中、地中、大気中などの比較的低温で見られます。一方、乾食は高温の空気あるいはガスによる酸化反応で、高温酸化とも呼ばれています。ここでは実用的に重要な湿食について見てみましょう。

湿食を分類すると、腐食の形態から全面腐食と局部腐食に分けることができます。

全面腐食は、金属がほぼ均一に腐食して減肉するもので、均一腐食とも呼ばれます。一般的に、炭素鋼などの耐食性の比較的低い材料に起こりやすいです。全面腐食は腐食寿命を予知しやすいので、技術的対応が比較的容易です。

局部腐食は、腐食環境にさらされた場合、腐食する箇所としない箇所が明確に分かれるものです。

ステンレス鋼のように不動態皮膜のある金属は、塩化物イオンにより、孔食、すき間腐食、粒界腐食など不動態皮膜を破壊して局部腐食を生じやすいです。また、材料に応力が負荷されるか、溶接や加工による残留応力がある場合にはひび割れを伴った応力腐食割れを生じる場合があります。

局部腐食は、多くの領域では正常でも、局部的には腐食が進行して初めて局部腐食を起こしていたことに気づくことが多いようです。また、全面腐食と思っていても、局部腐食を併発していることが多いです。配管の例では、曲管部等の異形管部など流速が変わる箇所は、摩耗腐食を起こして直管部より腐食速度が速くなります。

金属は水分と酸素が共存すれば腐食します。金属と水が接していても、酸素がなければ腐食せず、酸素があっても水がなければ腐食は起こりません。自然環境では酸素が重要な酸化材なのです。

要点BOX
- ●水が関与する湿食と関与しない乾食がある
- ●湿食が重要で全面腐食と局部腐食がある

金属腐食の種類

- 金属腐食
  - 乾食
  - 湿食
    - 全面腐食（均一腐食）
    - 局部腐食
      - 孔食
      - すき間腐食
      - 粒界腐食
      - 異種金属接触腐食
      - 電食（迷走電流腐食）
      - 応力腐食割れ
      - 摩耗腐食
      - 微生物腐食

乾食と湿食のメカニズム

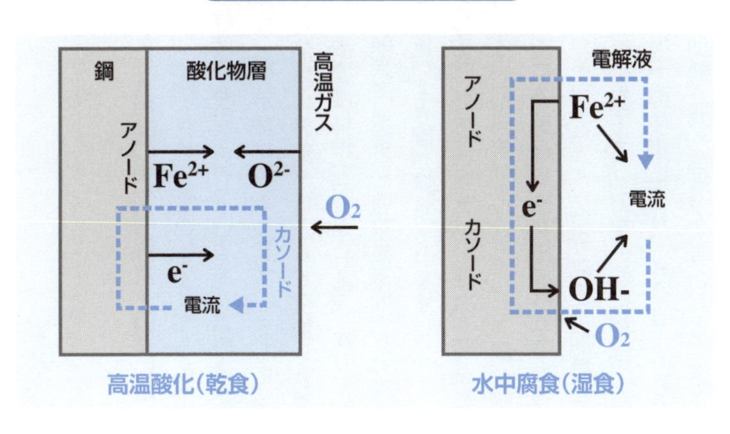

64 孔食、すき間腐食、粒界腐食

局部腐食 その1

【孔食】孔食とは、局部的な浸食が速い腐食で、金属内部に向かって孔状に進行します。針穴のように深く浸食され、管壁を貫通する場合が代表的な例です。しかし、孔食の明確な定義はありません。

孔食は、塩化物イオン濃度が高く、溶存酸素や次亜塩素酸などの酸化剤が共存する場合に生じやすく、ステンレス鋼で最も多い腐食損傷は孔食です。

ステンレス鋼に発生した孔食断面を図2に示します。塩素イオンの存在によって不動態皮膜の一部が破壊されると、その部分は本来卑な電位をもっているためマイナスとなり、周囲の不動態皮膜がプラスとなる電池が形成されます。プラス部分の面積は、マイナスの部分よりはるかに大きいので腐食作用が電池作用によって進行します。

【すき間腐食】すき間腐食とは、金属と金属、あるいは金属と非金属の合わさったすき間部が浸食される現象で、不動態皮膜をもった金属で生じやすいです。

ステンレス鋼でのすき間腐食を図4に示します。ここでのすき間とは、非常に小さいすき間で、1/100ミリ程度のものを指しています。このようなすき間にも水などの液体は侵入します。そして、いったん侵入した液体は外部とほとんど交換されませんので、その酸素濃度は他の部分より低くなり、酸素の濃淡による酸素濃淡電池（通気差電池）が形成され、酸素濃度の低いすき間が腐食されます。

【粒界腐食】粒界腐食とは、腐食が結晶粒界に沿って進行する局部腐食です。ステンレス鋼が錆びにくいのは、表面に不動態皮膜が生成されるためで、クロムの存在が不可欠です。粒界腐食で問題となるのは鋼中の炭素の量です。溶接の熱影響部、熱処理の過程や高温での使用により、500～800℃程度の温度に加熱された部分で、クロムと炭素が結合（鋭敏化）して起こる腐食です。鋭敏化すると不動態皮膜は生成されないため、粒界に沿って腐食が進行します。

要点BOX

- ●ステンレス鋼で最も多い腐食は孔食
- ●金属と金属、非金属との間が侵食されるすき間浸食

ステンレス鋼の腐食

図1　孔食

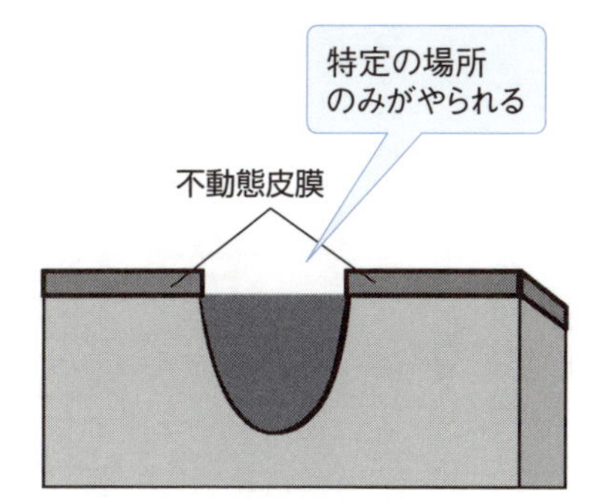

図2　ステンレス鋼の孔食

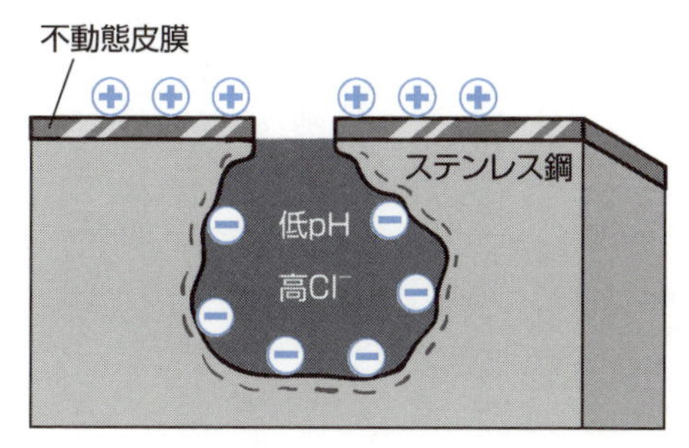

図3　すき間腐食

図4　ステンレス鋼のすき間腐食

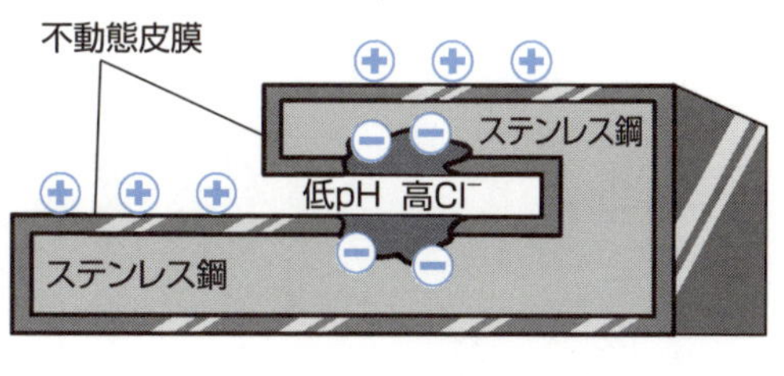

図5　粒界腐食

65 異種金属接触腐食、電食、微生物腐食

局部腐食 その2

【異種金属接触腐食】異種金属接触腐食は、ガルバニック腐食とも呼ばれ、異なる金属製品同士を接して使用するとある一方の金属に集中して激しい腐食が起こります。これはイオン化傾向が関係しています。

イオン化傾向とは、表1で示すように酸化しやすさの順に金属を並べたものです。イオン化傾向の大きい金属（卑）と小さい金属（貴）が接している部分に水が触れることで激しい腐食が起こります。いわゆるボルタ電池と呼ばれる現象で、イオン化傾向の大きい方が陽極に、小さい方が陰極となり電流が流れ、陽極となる金属が集中的に腐食します。腐食防止策として、両金属間に絶縁材を挿入する方法等があります。

【電食】電食とは直流電気鉄道の漏れ電流及び電気防食設備の防食電流によって生じる腐食をいいます。直流電気鉄道の場合（図2）、変電所から架線を通って、電車に電流が供給され、帰流はレールを通って変電所に戻ります。ところが、この地中に水道管、ガス管、通信用管あるいは電気用管等の金属埋設管があるときは、電流がこれらの抵抗の比較的小さい金属管を通って、変電所に帰流することとなり、これらの金属管から電流が流出する部分に電食が生じます。

電食を防止する方法として、外部電源法、選択排流法、強制排流法、流電陽極法等があります。

【微生物腐食】微生物腐食とは、微生物が直接金属を溶解させるのではなく、生物活動で生じる代謝物が、金属材料に対して腐食性を示して、金属に腐食が発生する現象です。代謝物は、電池を形成しアノード（陰極）反応やカソード（陽極）反応を起こしたり、微生物の繁殖による菌そのものが酵素あるいはイオンの濃淡電池を形成して腐食の原因になるといわれています。

腐食の原因となる微生物は、鉄バクテリアによる鋼の腐食や、硫酸塩還元バクテリアによる鋼および銅の腐食があります。航空機燃料のカビおよびバクテリアによるアルミニウム合金の腐食などもあります。

●ガルバニック腐食にはイオン化傾向が関係している
●電食は防食電流によって起こる

表1　イオン化傾向

◀ **大**（酸化しやすい）　　　　（酸化しにくい）**小** ▶

金属	K	Ca	Na	Mg	Al	Zn	Fe	Ni	Sn	Pb	(H)	Cu	Hg	Ag	Pt	Au
空気中での反応	乾燥空気中ですみやかに酸化される			空気中で表面が徐々に酸化される										変化しない		
水との反応	常温で反応して水素を発生			高温で水蒸気と反応して水素を発生				変化しない								

表2　イオン化傾向の覚え方

覚え方	貸そうか	な	ま	あ	あ	て	に	すん	な	ひ	ど	す	ぎる	借	金
還元力	強 ◀														弱
単体	K	Ca	Na	Mg	Al	Zn	Fe	Ni	Sn	Pb	H_2	Cu	Hg	Ag	Pt	Au

その他の腐食

図1　異種金属接触腐食

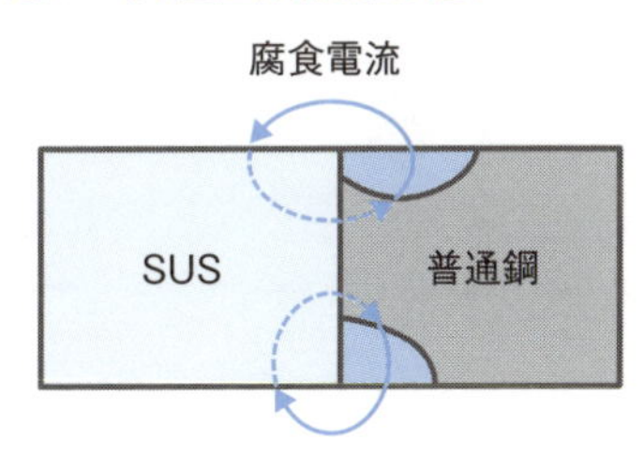

図2　直流電気鉄道による電食

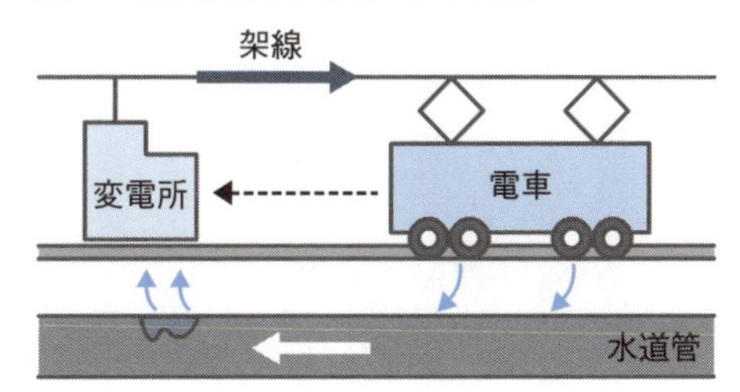

図3　微生物腐食

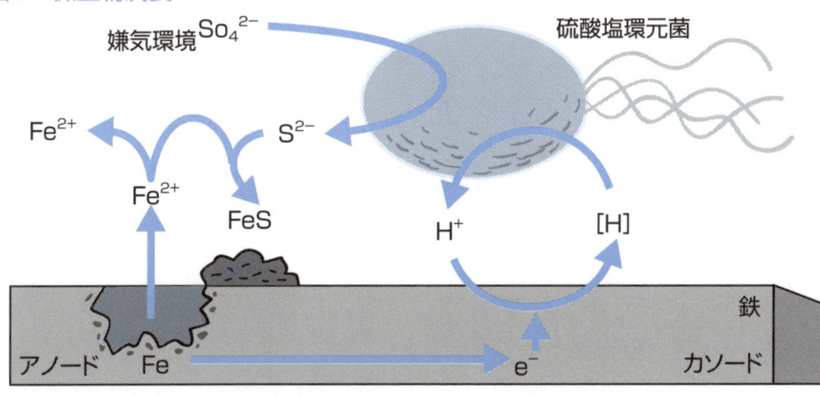

66 応力腐食割れ

合金の腐食

応力腐食割れが問題となったのは、原子力発電が本格化した1970年代です。原子力プラントのステンレス鋼配管系で、応力腐食割れによるひび割れ事故が頻発して、稼働率が著しく低下しました。

応力腐食割れは、金属材料が腐食されやすい環境下で、破壊されるほどの強い力を受けずに、配管の溶接部などが割れる現象です。特に海水にさらされるオーステナイト系ステンレスで問題になることが多いといわれています。

オーステナイト系ステンレス等（鋼にクロムとニッケルを含有させ、常温でオーステナイト組織（金属結晶構造）を示すステンレス）の金属の応力腐食割れは、材料の性質（材料）、材料に加わる応力（応力）、材料の使用環境（環境）といった三つの要因が重なった条件で発生します。

金属は、延性があるため外部から力が加わると変形しますが、通常は割れたり折れたりしません。しかし、応力腐食割れでは、前述のような条件が重なり合うと、ガラスや陶器のようにもろくなり、表面にひびが入ったり、割れたりします。

応力腐食割れの特徴として、合金に発生して、純金属には発生しません。また、引張応力で応力腐食割れは発生しますが、圧縮応力では発生しません。なお、三つの要因のうち一つの要因を取り除けば、応力腐食割れは発生しません。ただし、引張応力をかけないようにしても、鋼管作成時や溶接時などの残留応力が影響する場合があります。

応力腐食割れは、左図のように、金属の結晶粒界を進む粒界割れと、結晶内を進む粒内割れがあります。オーステナイト系ステンレス鋼のSUS304では高温の塩化物イオンを含む環境で粒内割れを起こすことが多く、鋭敏化（不適切な溶接等により、クロム濃度が13%を下回る）したステンレス鋼では、粒界割れを起こすことが多いようです。

要点BOX

- ●オーステナイト系ステンレスで問題化
- ●材料の性質と応力、使用環境の三つが要因で発生

応力腐食割れの発生要素と特徴

図1　応力腐食割れ(SCC)発生の3要素

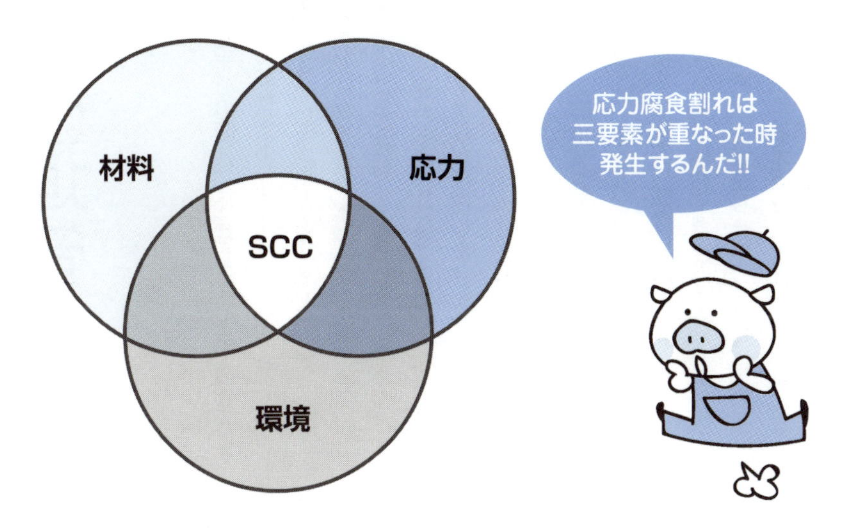

- 合金に発生し、純金属には発生しない
  引張応力では発生するが、圧縮応力では発生しない
- 三つの要因のうち一つの要因を取り除けば、発生しない

図2　粒界割れ

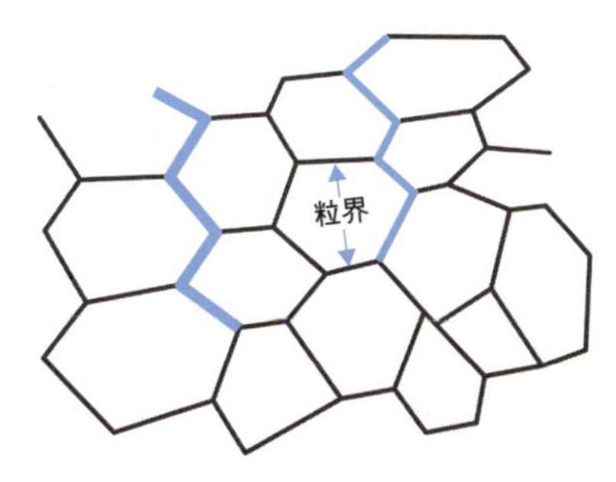

図3　粒内割れ

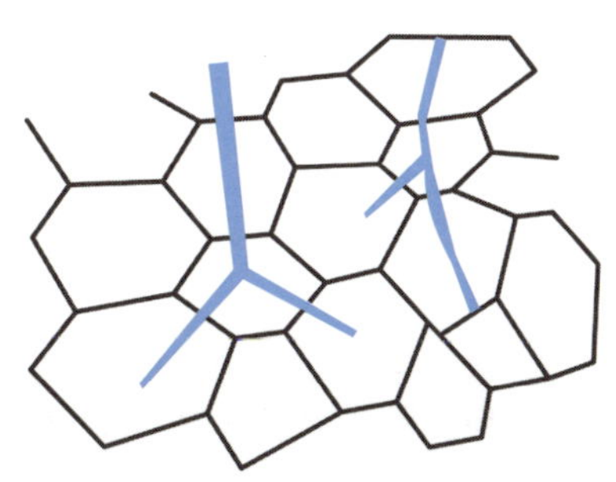

67 水道管の凍結

凍結膨張による破裂防止

12月から2月までの間は、注意しないと水道管が凍結してしまう可能性があります。

気温がマイナス4℃以下（風が直接当たるところは、マイナス1～2℃）になると、水道管の水が凍って出なくなったり、水道管が破裂する恐れがあります。

液体から個体に変わる時に体積が増える物質は、水以外にはごくわずかしか存在しません。水は温度が約4℃のとき体積が最も小さくなり、それより高い温度でも、低い温度でも体積が大きくなっていきます。水が氷に変わる時、約10％近く体積が増加します。冬に水道管が凍って破裂するのもこのためです。

水の凍結膨張による圧力は想像以上の大きさです。密閉容器などに水を閉じ込めて温度を下げると、水が氷となり、体積膨張力が生じます。この体積膨張力と等しい圧力を水に加えると、水は完全に氷になることができず、水と氷りが存在する状態となります。この温度と圧力をプロットしたものが、Bridgmanの水・氷の平衡曲線と呼ばれるものです。この体積膨張力は、温度の低下と共に増加し、約－22℃で約210MPaに達します。ここまで冷えることはあまりないと思いますが、凍結を水道管の応力で持たせるには無理があることがおわかりになったと思います。

水道管の凍結予防の方法は次の方法があります。

①水道管の中の水を抜いておく：北国では気温下がる夜間に水道管の水が凍らないように水道管の水を抜きます。

②水が凍らないように水道管を保温しておく：むき出しになっている水道管は、保温材で保温してください。また、メーターボックスの中にも保温材を入れましょう。

③水道の水を流したままの状態にしておく：鉛筆の芯程度の水を出したままにする方法もあります。

水道管が凍ってしまったら、無理に蛇口をひねらず、タオルなどかけた上からぬるま湯をかけます。

要点BOX
- 水道管の応力では対応できない
- 対策は水道管の保温、水抜き、流したまま

凍結昇圧法による圧力上昇

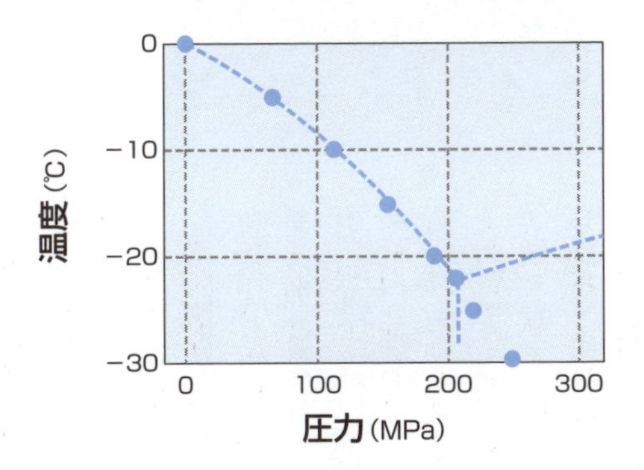

凍結予防の方法

水道管の保温

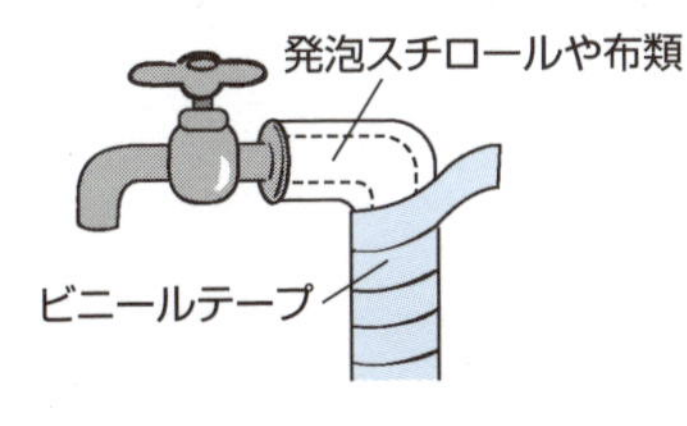

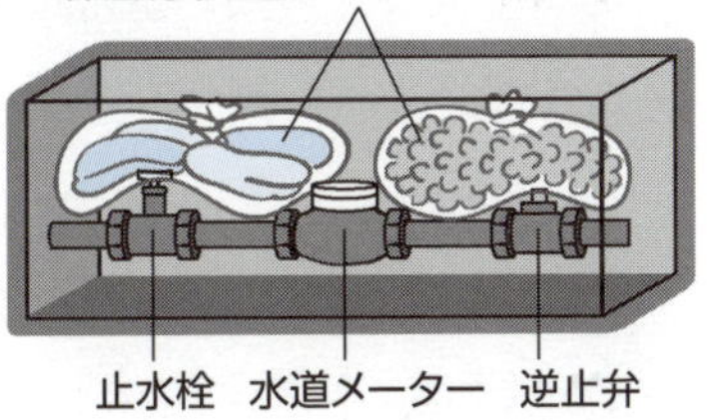

水落とし（水抜き）

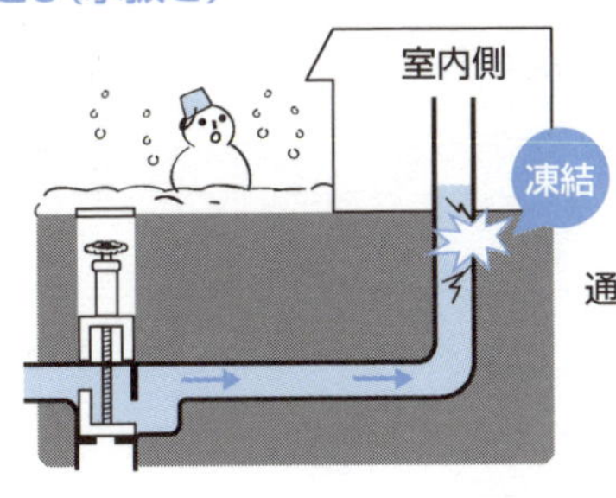

凍ってしまったら

熱湯をかけると、破裂することがありますので、絶対に行わないでください

Column

ギロチン破断

ギロチン破断とは、配管が刃物で断ち切ったように真っ二つになること。このギロチン破断は、原子力辞典（日刊工業新聞社）などでも公式に使用されている専門用語です。

ギロチンはフランスで発明された死刑執行の道具です。ギロチンが採用される前は、平民は絞首刑、斬首刑は貴族階級のみに執行されていました。当時の斬首には、斧や刀が使われていましたが、死刑執行人が未熟な場合には一撃で斬首できず、受刑者に多大な苦痛を与えていました。国民議会議員で内科医のジョゼフ・ギヨタンが、受刑者に苦痛を与えずに、しかも全ての身分のひとが同じ方法で処刑される死刑執行装置の導入を議会で提言し、採用されました。外科医のアントワーヌ・ルイが、刃を斜めに改良を加えました。

日本の原子力発電所においても過去にギロチン破断事故が発生していますが、今後は、このような痛ましい言葉は聞きたくないと思います。

【参考文献】

「パイプづくりの歴史」今井宏
「鋳鉄からダクタイル鉄管へ」一般社団法人日本ダクタイル鉄管協会
「鋳鉄管の歴史」田中勘七
「わが国の土管のあゆみ」柿田富造
「水道用鋼管の変遷」2002年　日本水道鋼管協会
「石油パイプライン検査診断技術」JFEエンジニアリング　近藤宗孝、小林基、中野稔陽
「分流式下水道における雨天時侵入水対策計画策定マニュアルの概要」公益財団法人日本下水道新技術推進機構　松島修
管路品質評価システム（PQEST）協会資料
プラス工法（ライト工業株式会社）
強化プラスチック複合管協会
配水用ポリエチレンパイプシステム協会
架橋ポリエチレン工業会
海底配管（日鉄住金パイプライン&エンジニアリング株式会社）
明石海峡大橋添架水管橋（淡路広域水道企業団）

●著者略歴
高堂彰二（こうどう しょうじ）

1957年岡山県倉敷市に生まれる
1981年日本大学理工学部土木工学科卒業
高堂技術士事務所
一般社団法人技術士PLセンター理事
製造物責任技術相談センター代表幹事
資格：技術士（総合技術監理部門、上下水道部門）、APEC エンジニア（Civil）、
環境カウンセラー（事業者部門）、一級土木施工管理士、測量士

●主な著書
『トコトンやさしい水道の本』日刊工業新聞社
『トコトンやさしい下水道の本』日刊工業新聞社
『トコトンやさしい土壌汚染の本』日刊工業新聞社
『トコトンやさしい環境汚染の本』日刊工業新聞社
『イラストでわかる土壌汚染』技報堂出版
『技術には専門の監査が必要だ!』日刊工業新聞社
『技術士第二次試験上下水道部門対策&重要キーワード』日刊工業新聞社
「水はどこから来るのか?」監修　PHP研究所
ホームページhttp://koudou-cea.com

今日からモノ知りシリーズ
トコトンやさしい
水道管の本

NDC 518.18

2017年7月18日　初版1刷発行
2024年6月21日　初版5刷発行

発行者　井水 治博
発行所　日刊工業新聞社
東京都中央区日本橋小網町14-1
(郵便番号103-8548)
電話　書籍編集部　03(5644)7490
販売・管理部　03(5644)7403
FAX　03(5644)7400
振替口座　00190-2-186076
URL　https://pub.nikkan.co.jp/
e-mail　info_shuppan@nikkan.tech
印刷・製本　新日本印刷(株)

●DESIGN STAFF
AD——————志岐滋行
表紙イラスト———黒崎　玄
本文イラスト———輪島正裕
ブック・デザイン——奥田陽子
(志岐デザイン事務所)

●
落丁・乱丁本はお取り替えいたします。
2017 Printed in Japan
ISBN　978-4-526-07728-9 C3034

●定価はカバーに表示してあります